U0332730

2014 全国注册安全工程师执业资格考试
历年真题＋预测试卷——

安全生产管理知识

全国注册安全工程师执业资格考试试题分析小组　编

机械工业出版社

本书是专门为广大参加全国注册安全工程师执业资格考试的考生编写的。本书共分五部分:第一部分为应试指导,为考生说明本科目知识体系和考试重点;第二部分为典型真题详解,主要对历年真题进行了详细的讲解,并对重点、难点进行了深层次的拓展分析和思路点拨;第三部分为重要考点分类归纳,主要将同一类型的知识点进行了归纳整理;第四部分为预测试卷,六套预测试卷充分体现了近几年来注册安全工程师执业资格考试的发展历程、命题思路的变化方式和考题形式的发展趋势;第五部分为2011~2013年考试真题试卷,便于考生掌握考试题型的变化。

本书附赠超值考试题库软件,包含4套近年真题与5套预测试卷。软件由专业团队精心开发,功能强大,预测试题命中率高。

图书在版编目(CIP)数据

安全生产管理知识/全国注册安全工程师执业资格考试试题分析小组编 . —北京:机械工业出版社,2014.2

(2014全国注册安全工程师执业资格考试历年真题＋预测试卷)

ISBN 978-7-111-46074-9

Ⅰ.①安… Ⅱ.①全… Ⅲ.①安全生产–生产管理–安全工程师–资格考试–习题集 Ⅳ.①X92-44

中国版本图书馆 CIP 数据核字(2014)第 043631 号

机械工业出版社(北京市百万庄大街22号　邮政编码100037)

策划编辑:张　晶　责任编辑:张　晶
封面设计:张　静　责任印制:刘　岚
涿州市京南印刷厂印刷
2014 年 4 月第 1 版第 1 次印刷
184mm×260mm・9.75印张・249千字
标准书号:ISBN 978-7-111-46074-9
　　　　ISBN 978-7-89405-352-7(光盘)
定价:　39.00 元(含1CD)

前　言

　　"2014全国注册安全工程师执业资格考试历年真题＋预测试卷"是围绕着"夯实基础，掌握重点，突破难点，稳步提高"这一理念进行编写的。

　　预测试卷的优势主要体现在以下几方面：

　　一、预测准。本书紧扣"考试大纲"和"考试教材"，指导考生梳理和归纳核心知识，不仅是对教材精华的浓缩，也是对教材的精解精练。本书可以帮助考生掌握要领，提高学习效率，高效率地掌握考试的精要。试卷信息量大，涵盖面广，对2014年全国注册安全工程师执业资格考试试题的宏观把握和总体预测都具有极强的前瞻性。

　　二、权威性。本书是作者在总结经验，开创特色的宗旨下，按照2014年全国注册安全工程师执业资格考试大纲，针对2014年全国注册安全工程师执业资格考试的最新要求精心设计，代表着2014年全国注册安全工程师执业资格考试的最新动态和基本方向。

　　三、时效性。编写组用前瞻性、预测性的眼光去分析考情，在书中展示了各知识点可能出现的考题形式、命题角度和分布，努力做到与考试试题趋势"合拍"，步调一致。本书题型新颖，切合注册安全工程师执业资格考试实际，包含大量深受命题专家重视的新题、活题。

　　为了使本书尽早与考生见面，满足广大考生的迫切需求，参与本书策划、编写和出版的各方人员都付出了辛勤的劳动，在此表示感谢。

　　编写组专门为考生配备了专业答疑教师解决疑难问题。

　　本书在编写过程中，虽然几经斟酌和校阅，但由于作者水平所限，书中难免有不尽如人意之处，恳请广大读者一如既往地对我们的疏漏之处给予批评和指正。

目 录

第一部分　应试指导

本科目知识体系

　　《安全生产管理知识》考试所涉及的知识体系包括八部分:安全生产管理基本理论、生产经营单位的安全生产管理、安全生产监管监察、安全评价、职业危害预防和管理、应急管理、生产安全事故调查与分析、安全生产统计分析。

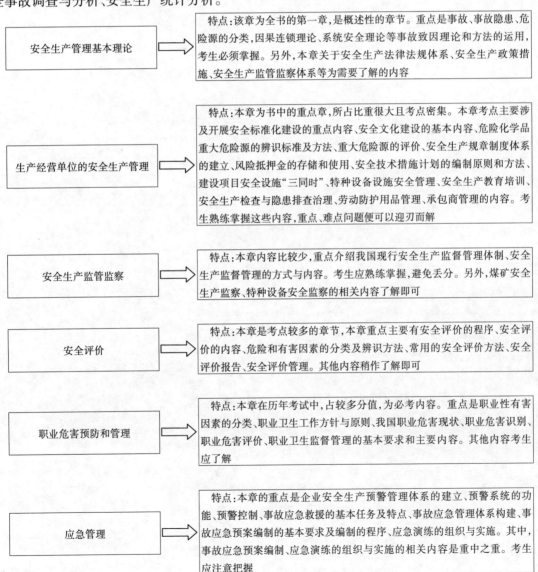

安全生产管理基本理论	特点:该章为全书的第一章,是概述性的章节。重点是事故、事故隐患、危险源的分类,因果连锁理论、系统安全理论等事故致因理论和方法的运用,考生必须掌握。另外,本章关于安全生产法律法规体系、安全生产政策措施、安全生产监管监察体系等为需要了解的内容
生产经营单位的安全生产管理	特点:本章为书中的重点章,所占比重很大且考点密集。本章考点主要涉及开展安全标准化建设的重点内容、安全文化建设的基本内容、危险化学品重大危险源的辨识标准及方法、重大危险源的评价、安全生产规章制度体系的建立、风险抵押金的存储和使用、安全技术措施计划的编制原则和方法、建设项目安全设施"三同时"、特种设备设施安全管理、安全生产教育培训、安全生产检查与隐患排查治理、劳动防护用品管理、承包商管理的内容。考生熟练掌握这些内容,重点、难点问题便可以迎刃而解
安全生产监管监察	特点:本章内容比较少,重点介绍我国现行安全生产监督管理体制、安全生产监督管理的方式与内容。考生应熟练掌握,避免丢分。另外,煤矿安全生产监察、特种设备安全监察的相关内容了解即可
安全评价	特点:本章是考点较多的章节,本章重点主要有安全评价的程序、安全评价的内容、危险和有害因素的分类及辨识方法、常用的安全评价方法、安全评价报告、安全评价管理。其他内容稍作了解即可
职业危害预防和管理	特点:本章在历年考试中,占较多分值,为必考内容。重点是职业性有害因素的分类、职业卫生工作方针与原则、我国职业危害现状、职业危害识别、职业危害评价、职业卫生监督管理的基本要求和主要内容。其他内容考生应了解
应急管理	特点:本章的重点是企业安全生产预警管理体系的建立、预警系统的功能、预警控制、事故应急救援的基本任务及特点、事故应急管理体系构建、事故应急预案编制的基本要求及编制的程序、应急演练的组织与实施。其中,事故应急预案编制、应急演练的组织与实施的相关内容是重中之重。考生应注意把握

生产安全事故调查与分析	⟹	特点:生产安全事故等级和分类是命题中经常涉及的内容。事故上报的时限和部门是个很好的考点。事故调查组的组成和职责、事故调查报告的批复是本章命题点的一个重点内容。考生应作为重点掌握
安全生产统计分析	⟹	特点:本章的重点是统计学基本知识、统计表的编制、职业卫生常用统计指标、职业卫生常用的统计分析方法、伤亡事故统计分析方法、伤亡事故经济损失计算方法。其他内容考生应熟悉

重要命题知识点归纳

重要命题知识点		考试要点归纳
安全生产管理 基本理论	安全生产管理基本概念	事故、事故隐患、危险、危险源与重大危险源 安全、本质安全
	现代安全生产管理理论	安全生产管理原理与原则 事故致因理论
	我国安全生产管理概述	安全生产方针 以人为本、安全发展理念 安全生产法律法规体系 安全生产政策措施 安全生产监管监察体系 安全生产科技保障体系 安全生产教育培训体系 安全生产应急救援体系 安全生产目标指标体系
生产经营单位的 安全生产管理	安全生产标准化	开展安全标准化建设的重点内容
	企业安全文化	企业安全文化现状 安全文化建设的基本内容 安全文化建设的操作步骤 企业安全文化建设评价
	重大危险源	重特大事故预防控制技术支撑体系框架 危险化学品重大危险源的辨识标准及方法 重大危险源的评价 重大危险源的监控监管
	安全规章制度	安全生产规章制度建设的原则 安全生产规章制度的管理
	组织保障	机构设置要求、人员配备要求
	安全生产投入与安全生产 风险抵押金	对安全生产投入的基本要求 安全生产费用的使用和管理 企业安全生产风险抵押金的要求 风险抵押金的存储和使用 风险抵押金的监督管理
	安全技术措施计划	编制安全技术措施计划的基本原则 安全技术措施计划的基本内容 安全技术措施计划的编制方法
	建设项目安全设施"三同时"	"三同时"的概念 安全条件论证与安全预评价 安全条件论证报告的主要内容 建设项目安全设施设计审查

重要命题知识点		考试要点归纳
生产经营单位的 安全生产管理	特种设备设施安全	特种设备采购与安装 生产经营单位特种设备作业人员应具备的条件 特种设备使用登记证的办理 安全技术档案 应急管理
	安全生产教育培训	安全生产教育培训的组织 各类人员的培训
	安全生产检查与隐患排查治理	安全生产检查 隐患排查治理
	劳动防护用品管理	劳动防护用品的使用管理 特种劳动防护用品安全标志管理
	承包商管理	对承包商安全管理的要点和关键环节 生产经营单位承包工程的安全管理
安全生产 监管监察	安全生产监管	安全生产监管体系 安全生产监管部门和人员的职责 安全生产监管的方式与内容
	煤矿安全生产监察	煤矿安全生产监察体制 煤矿安全生产监察人员的职责 煤矿安全监察的方式与内容
	特种设备安全监察	特种设备安全监察体系 特种设备安全监察法规体系 安全监察制度 特种设备安全生产监察机构和人员的职责 特种设备安全监察的方式与内容
安全评价	安全评价的分类	安全预评价、安全验收评价、安全现状评价
	安全评价的程序	安全评价的程序、内容
	危险和有害因素辨识	危险、有害因素的分类 危险、有害因素辨识方法 危险、有害因素的识别
	安全评价方法	安全评价方法分类 常用的安全评价方法
	安全评价报告	安全预评价报告 安全验收评价报告 安全现状评价报告 安全评价报告的格式
	安全评价管理	安全评价管理的基本要求 对评价机构和评价人员的要求 安全评价机构、安全评价师

重要命题知识点		考试要点归纳
职业危害预防和管理	职业卫生概述	职业卫生基本概念 职业卫生工作方针与原则 我国职业危害现状
	职业卫生法规标准体系简介	职业卫生法规标准体系构成
	职业危害识别、评价与控制	职业危害识别、评价、控制
	职业卫生监督管理	职业卫生监督管理的基本要求和主要内容
	生产经营单位职业卫生管理	前期预防管理 劳动过程中的管理
应急管理	预警的基础知识	安全生产预警的目标、任务与特点 建立安全生产预警机制的原则和要求 企业安全生产预警管理体系的建立
	预警系统的建立与实现	预警系统的组成及功能
	预警控制	事故的危机管理
	事故应急管理体系	事故应急救援的基本任务及特点 事故应急管理相关法律法规要求 事故应急管理体系构建
	事故应急预案编制	事故应急预案的作用 事故应急预案体系 事故应急预案编制的基本要求 事故应急预案编制程序 事故应急预案基本结构 事故应急预案主要内容
	应急预案的演练	应急演练的定义、目的与原则 应急演练的类型 应急演练的组织与实施
生产安全事故调查与分析	生产安全事故等级和分类	生产安全事故的分级
	生产安全事故的报告	事故上报的时限和部门 事故报告的内容 事故的应急处置
	生产安全事故的调查	事故调查的组织 事故调查组的组成和职责 事故调查的纪律和期限
	事故处理	事故调查报告的批复
安全生产统计分析	统计基本知识	统计工作的基本步骤 统计学基本知识 统计图表的编制 统计描述与统计推断
	职业卫生统计基础	职业卫生常用统计指标 职业卫生调查设计 职业卫生常用的统计分析方法

重要命题知识点		考试要点归纳
安全生产统计分析	事故统计与报表制度	事故统计的基本任务 事故统计的目的、步骤 事故统计指标体系 生产安全事故报表制度 伤亡事故统计分析方法 伤亡事故经济损失计算方法

2010～2013年度《安全生产管理知识》考题分值统计

知 识 点		2013 年		2012 年		2011 年		2010 年	
		单项选择题	多项选择题	单项选择题	多项选择题	单项选择题	多项选择题	单项选择题	多项选择题
安全生产管理基本理论	安全生产管理基本概念	2	2	3	2	3		2	2
	现代安全生产管理理论	4	2	1	2	3	2	4	
	我国安全生产管理概述	1				1	2	1	2
生产经营单位的安全生产管理	安全生产标准化	2	4	4			2		
	企业安全文化	2		2		2			
	重大危险源	3	2	2	2	1		3	2
	安全规章制度			2	1		2	3	2
	组织保障	2	2					2	
	安全生产投入与安全生产风险抵押金	5		3		3	2		
	安全技术措施计划	3		2		1		2	
	建设项目安全设施"三同时"	3	2	3	2	3	4	1	
	特种设备设施安全	3		1		1			
	安全生产教育培训	2		6	4	5		3	
	安全生产检查与隐患排查治理	2	2	3		3	2	4	
	劳动防护用品管理	6		4	2	3		2	2
	承包商管理	1	2	3		1			
安全生产监管监察	安全生产监管监察			1		2		1	2
	煤矿安全生产监察					1		1	
	特种设备安全监察	1		2		2		2	2
安全评价	安全评价的分类			1				3	
	安全评价的程序	1		1	4				
	危险和有害因素辨识	1		4	6	4	2	2	2
	安全评价方法	1			2		2	1	
	安全评价报告					1			
	安全评价管理	1							

知识点		2013 年		2012 年		2011 年		2010 年	
		单项选择题	多项选择题	单项选择题	多项选择题	单项选择题	多项选择题	单项选择题	多项选择题
职业危害预防和管理	职业卫生概述	4	4	2		3		1	
	职业卫生法规标准体系简介								
	职业危害识别、评价与控制	3	2	2		5	2	4	2
	职业卫生监督管理	2		1				1	2
	生产经营单位职业卫生管理	1			2	1	2		
应急管理	预警的基础知识							2	
	预警系统的建立与实现							1	2
	预警控制								
	事故应急管理体系	2		2		1		5	
	事故应急预案编制		2	1		2	2	3	
	应急预案的演练	1		1		3		3	2
生产安全事故调查与分析	生产安全事故等级和分类	1		1		3		2	
	生产安全事故的报告	1	2	1		4	2	2	
	生产安全事故的调查	3		7	2	4	2	4	4
	事故处理	2						1	
安全生产统计分析	统计基本知识			1		1	2	2	2
	职业卫生统计基础	1		2		1		1	
	事故统计与报表制度	3		2					
合 计		70	30	70	30	70	30	70	30

历年考试题型说明

《安全生产管理知识》考试全部为客观题。题型包括单项选择题和多项选择题两种。其中，单项选择题每题1分；多项选择题每题2分。对于单项选择题来说，备选项有4个，选对得分，选错不得分也不倒扣分。而多项选择题的备选项有5个，其中有2个或2个以上的备选项符合题意，至少有1个错项（也就是说正确的选项应该是2个、3个或4个）；错选，本题不得分（也就是说所选择的正确选项中不能包含错误的答案，否则得0分）；少选，所选的每个选项得0.5分（如果所选的正确选项缺项且没有错误的选项，那么，每选择1个正确的选项就可以得0.5分）。因此，建议考生对于单项选择题，宁可错选，不可不选；对于多项选择题，宁可少选，不可多选。

备考复习方略

一是依纲靠本。考试大纲将教材中的内容划分为掌握、熟悉、了解三个层次。大纲要求掌握的知识点一定要花时间多看，大纲未要求的知识点不必花很多时间去了解，通读即可。根据考试大纲的要求，保证有足够多的时间去理解教材中的知识点，考试指定教材包含了命题范围和考试试题标准答案，必须按考试指定教材的内容、观点和要求去回答考试中提出的所有问题，否则考试很难过关。

二是循序渐进。要想取得好的成绩，比较有效的方法是把书看上三遍。第一遍最仔细地看，每一个要点、难点决不放过，这个过程时间应该比较长；第二遍看得较快，主要是对第一遍划出来的重要知识点进行复习；第三遍看得很快，主要是看第二遍没有看懂或者没有彻底掌握的知识点。为此，建议考生在复习前根据自身的情况，制订一个切合实际的学习计划，依此来安排自己的复习。尽量在安排工作的时候把考试复习时间也统一有计划地安排进去。有些考生每次考试总是先松后紧，一开始并不在意，总认为时间还多，等到快考试了，突击复习，造成精神紧张，甚至失眠。每次临考之时总有一丝遗憾的抱怨，再给我一周时间复习，肯定能够过关！在这里，给参加考试的考生提个醒儿，与其考后后悔，不如笨鸟先飞，提前准备。

三是把握重点。考生在复习时常常可能会过于关注教材上的每个段落、每个细节，没有注意到有些知识点可能跨好几个页码，对这类知识点之间的内在联系缺乏理解和把握，就会导致在做多项选择题时往往难以将所有答案全部选出来，或者由于分辨不清选项之间的关系而将某些选项忽略掉，甚至将两个相互矛盾的选项同时选入。为避免出此类错误，建议考生在复习时，务必留意这些层级间的关系。每门课程都有其必须掌握的知识点，对于这些知识点，一定要深刻把握，举一反三，以不变应万变。在复习中若想提高效率，就必须把握重点，避免平均分配。把握重点能使我们以较小的投入获取较大的考试收益，在考试中立于不败之地。

四是善于总结。就是在仔细看完一遍教材的前提下，一边看书，一边做总结性的笔记，把教材中每一章的要点都列出来，从而让厚书变薄，并理解其精华所在；要突出全面理解和融会贯通，并不是要求把指定教材的全部内容逐字逐句地死记硬背下来。而要注意准确把握文字背后的复杂含义，还要注意把不同章节的内在内容联系起来，能够从整体上对考试科目进行全面掌握。众所周知，考试涉及的各个科目均具有严谨性、务实性的特点，尽管很多问题从理论上讲可能会有不同的观点和看法，需要运用专业判断，但在考试时，考试试题的答案都具有"唯一性"，客观试题尤其如此。

五是精选资料。复习资料不宜过多，选一两本就行了，多了容易眼花，反而不利于复习。从某种意义上讲，考试就是做题。所以，在备考学习过程中，适当地做一些练习题和模拟题是考试成功必不可少的一个环节。多做练习固然有益，但千万不要舍本逐末，以题代学。练习只是针对所学知识的检验和巩固，千万不能搞什么题海大战。

在这里提醒考生在复习过程中应注意以下三点：

一是加深对基本概念的理解。对基本概念的理解和应用是考试的重点，考生在复习时要对基本概念加强理解和掌握，对理论性的概念要掌握其要点。

二是把握一些细节性信息、共性信息。每年的考题中都有一些细节性的考题，考生在复习过程中看到这类信息时，一定要提醒自己给予足够的重视。

三是突出应用。考试侧重于对基本应用能力的考查，近年来这个特点有所扩大。

答 题 技 巧

既然已经走进了考场，那就是"箭在弦上，不得不发"了。所以，此时紧张是没有意义的，只能给考生带来负面的影响。既然如此，倒不如洒脱一下，放下心理的负担，轻装上阵的好。精心准备的考前复习，都是为了一个最终的目的：取得良好的考试成绩。临场发挥是取得良好成绩的重要环节，结合多年来的培训经验，我们给考生提出以下几点要求：

第一个要求就是要做到稳步推进。单项选择题掌握在每题 1 分钟的速度稳步推进，多项选择题按照每题 1.5 分钟的速度推进，这样下来，还可以有一定的时间作检查。单项选择题的难度较小，考生在答题时要稍快一点，但要注意准确率；多项选择题可以稍慢一点，但要求稳，以免被"地雷"炸伤。从提高准确率的角度考虑，强烈希望大家，一定要耐着性子把题目中的每一个字读完，常常有考生总感觉到时间不够，一眼就看中一个选项，结果就选错了。这类性急的考生大可不必"心急"，考试的时间是很合理的，也就是说，按照正常的答题速度，规定的考试时间应该有一定的富余，你有什么理由着急呢？

第二个要求就是要预留检查时间。考试时间是绝对富余的，在这种情况下如何提高答题的准确度就显得尤为重要了。提高答题准确度的一个重要方法就是预留检查时间，建议考生至少要预留 15～20 分钟的时间来作最后的检查。从提高检查的效率来看，建议考生主要对难题和没有把握的题进行检查。在考场上，考生拿到的是一份试卷，一份答题卡，试卷可以涂写，答题卡不可以涂写，只能用铅笔去涂黑。建议大家在试卷上对一些拿不准的题目，在题号位置标记一个符号，这样在检查时就顺着符号去一个个找。

第三个要求就是要做到心平气和，把握好节奏。这点对考场心理素质不高的考生来讲十分重要。不少考生心理素质不高，考场有犯晕的现象，原本知道的题目却答错了，甚至心里想的是答案 A，却涂成了 C。怎么避免此类"自毁长城"的事情发生呢？我们这里给大家两点建议：一是不要被前几道题蒙住。有时候你一看到前面几道题，就有点犯晕，拿不准，心里就发毛了，这时候你千万要告诫自己，这只是出题者惯用的手法，先给考生一个下马威，没有关系。二是一定要稳住阵脚。

具体到答题技巧，给大家推荐以下四种方法：

一是直接法。这是解常规的客观题所采用的方法，就是选择你认为一定正确的选项。

二是排除法。如果正确答案不能一眼看出，应首先排除明显是不全面、不完整或不正确的选项，正确的选项几乎是直接抄自于考试指定教材或法律法规，其余的干扰选项要靠命题者自己去设计，考生要尽可能多排除一些干扰选项，这样就可以提高你选择出正确答案的几率。

三是比较法。直接把各备选项加以比较，并分析它们之间的不同点，集中考虑正确答案和错误答案的关键所在。仔细考虑各个备选项之间的关系。不要盲目选择那些看起来像、读起来很有吸引力的错误答案，中了命题者的圈套。

四是猜测法。如果你通过以上方法都无法选择出正确的答案，也不要放弃，要充分利用所学知识去猜测。一般来说，排除的项目越多，猜测正确答案的可能性就越大。

第二部分 典型真题详解

第一章 安全生产管理基本理论

一、单项选择题

1. 【2013 年真题】某公司是以重油为原料生产合成氨、硝酸的中型化肥厂,某日发生硝铵自热自分解爆炸事故,事故造成 9 人死亡、16 人重伤、52 人轻伤,损失工作日总数 168000 个,直接经济损失约 7000 万元。根据《生产安全事故报告和调查处理条例》(国务院令第 493 号),该起事故等级属于( )。

A. 特别重大事故
B. 重大事故
C. 较大事故
D. 一般事故

【答案】B。

【解析】根据生产安全事故造成的人员伤亡或者直接经济损失,事故一般分为以下等级: ①特别重大事故,是指造成 30 人以上死亡,或者 100 人以上重伤(包括急性工业中毒,下同),或者 1 亿元以上直接经济损失的事故;②重大事故,是指造成 10 人以上 30 人以下死亡,或者 50 人以上 100 人以下重伤,或者 5000 万元以上 1 亿元以下直接经济损失的事故;③较大事故,是指造成 3 人以上 10 人以下死亡,或者 10 人以上 50 人以下重伤,或者 1000 万元以上 5000 万元以下直接经济损失的事故;④一般事故,是指造成 3 人以下死亡,或者 10 人以下重伤,或者 1000 万元以下直接经济损失的事故。直接经济损失 7000 万元属于重大事故。

2. 【2013 年真题】某铸造厂生产的铸铁管在使用过程中经常出现裂纹,为从本质上提高铸铁管的安全性,应在铸造的( )阶段开展相关完善工作。

A. 设计
B. 安装
C. 使用
D. 检修

【答案】A。

【解析】本质安全化原则是指从一开始和从本质上实现安全化,从根本上消除事故发生的可能性,从而达到预防事故发生的目的。本质安全化原则不仅可以应用于设备、设施,还可以应用于建设项目。

3. 【2013 年真题】锻造车间针对人员误操作断手事故多发,以及锻造机长期超负荷运行造成设备运行温度过高的问题,遵循本质安全理念,开展了技术改造和革新。下列安全管理和技术措施中,属于本质安全技术措施的是( )。

A. 断手事故处设置警示标志
B. 采取排风措施降低设备温度
C. 锻造机安装双按钮开关
D. 缩短锻造设备连续运行时间

【答案】C。

【解析】本质安全是指通过设计等手段使生产设备或生产系统本身具有安全性,即使在误操作或发生故障的情况下也不会造成事故。

4.【2012年真题】某企业发生一起安全生产事故后,企业负责人要求各生产车间一律停产,全面开展隐患排查,经组织检查、评估并验收合格后,方可恢复生产。此种做法,符合安全生产管理原理的(　　)。

  A. 监督原则   B. 动态相关性原则

  C. 行为原则   D. 偶然损失原则

【答案】B。

【解析】安全生产管理原则主要包括:动态相关性原则、整分合原则、反馈原则、封闭原则、动力原则、能级原则、激励原则、行为原则、偶然损失原则、因果关系原则、3E原则、本质安全化原则、安全第一原则和监督原则。其中动态相关性原则告诉我们,构成管理系统的各要素是运动和发展的,它们既相互联系又相互制约。显然,如果管理系统的各要素都处于静止状态,就不会发生事故。

5.【2010年真题】危险度表示发生事故的危险程度,是由(　　)决定的。

  A. 发生事故的可能性与系统的本质安全性

  B. 发生事故的可能性与事故后果的严重性

  C. 危险源的性质与发生事故的严重性

  D. 危险源的数量和特性

【答案】B。

【解析】一般用危险度来表示危险的程度。在安全生产管理中,危险度用生产系统中事故发生的可能性与严重性给出。

二、多项选择题

1.【2013年真题】某小型私营矿山企业的员工腰挎手电筒,将一包用报纸捆扎的炸药卷放在休息室内的电炉子旁边,边烤手取暖,边与带班班长聊天。根据危险源辨识理论,上述事件中,属于危险源的有(　　)。

  A. 炸药   B. 报纸

  C. 电炉子   D. 休息室

  E. 手电筒

【答案】AC。

【解析】从安全生产角度解释,危险源是指可能造成人员伤害和疾病、财产损失、作业环境破坏或其他损失的根源或状态。第一类危险源是指生产过程中存在的,可能发生意外释放的能量,包括生产过程中各种能量源、能量载体或危险物质。第二类危险源是指导致能量或危险物质约束或限制措施破坏或失效的各种因素。广义上包括物的故障、人的失误、环境不良以及管理缺陷等因素。

2.【2013年真题】某日,一大型商业文化城发生一起接线盒电器阴燃事故,过火面积0.5m²。商场值班人员由于应急处理得当,未造成大的经济损失。事后,公司领导根据这起事故,发动公司全员开展了全方位、全过程和全天候,为期3个月的火灾隐患排查及整改工作。这种安全管理做法符合(　　)。

  A. 人本原理的动态相关性原则   B. 人本原理的行为原则

C. 强制原理的能级原则   D. 预防原理的偶然损失原则

　　E. 安全系统原理的封闭原则

【答案】BDE。

【解析】行为原则,需要与动机是人的行为的基础,人类的行为规律是需要决定动机,动机产生行为,行为指向目标,目标完成需要得到满足,于是又产生新的需要、动机、行为,以实现新的目标。安全生产工作重点是防治人的不安全行为。偶然损失原则,事故后果以及后果的严重程度,都是随机的、难以预测的。反复发生的同类事故,并不一定产生完全相同的后果,这就是事故损失的偶然性。偶然损失原则告诉我们,无论事故损失的大小,都必须做好预防工作。封闭原则,在任何一个管理系统内部,管理手段、管理过程等必须构成一个连续封闭的回路,才能形成有效的管理活动,这就是封闭原则。封闭原则告诉我们,在企业安全生产中,各管理机构之间、各种管理制度和方法之间,必须具有紧密的联系,形成相互制约的回路,才能有效。系统原理的原则包括:动态相关性原则;整分合原则;反馈原则;封闭原则。人本原理的原则包括:动力原则、能级原则、激励原则和行为原则。预防原理的原则包括:偶然损失原则、因果关系原则、3E 原则和本质安全化原则。强制原理的原则包括:安全第一原则和监督原则。

3. 【2012 年真题】本质安全是通过设计等手段使生产设备或生产系统、建设项目本身具有安全性,即使在误操作情况下也不会造成人员伤亡。下列属于本质安全设计的是(　　)。

　　A. 失误—安全功能   B. 事故—接触

　　C. 控制缺陷—管理   D. 故障—安全设计

　　E. 修复或急救—功能

【答案】AD。

【解析】本质安全是指通过设计等手段使生产设备或生产系统本身具有安全性,即使在误操作或发生故障的情况下也不会造成事故。具体包括失误—安全功能和故障—安全设计两方面的内容。

4. 【2011 年真题】根据能量意外释放理论,可将伤害分为两类:第一类伤害是由于施加了超过局部或全身性损伤阈值的能量引起的伤害;第二类伤害是由于影响了局部或全身性能量交换而引起的伤害。下列危害因素中,能造成第二类伤害的有(　　)。

　　A. 中毒   B. 窒息

　　C. 冻伤   D. 烧伤

　　E. 触电

【答案】ABC。

【解析】1966 年美国运输部安全局局长哈登提出了能量逆流于人体造成伤害的分类方法,将伤害分为两类:第一类伤害是由于施加了局部或全身性损伤阈值的能量引起的;第二类伤害是由于影响了局部或全身性能量交换引起的,主要指中毒窒息和冻伤。

第二章　生产经营单位的安全生产管理

一、单项选择题

1. 【2013 年真题】为加强安全生产宣传教育工作,提高全民安全意识,我国自 2002 年开始开展"安全生产月"活动,每年的"安全生产月"活动都有一个主题,2013 年开展的第 12

个"安全生产月"活动的主题是(   )。

A. 强化安全基础、推动安全发展

B. 关爱生命健康、责任重于泰山

C. 坚持安全发展、确保国泰民安

D. 坚持安全发展、建设和谐社会

【答案】A。

【解析】2013 年开展的第 12 个"安全生产月"活动的主题是强化安全基础、推动安全发展。

2. 【2013 年真题】依据《企业安全生产标准化基本规范》(AQ/T 9006—2010),生产经营单位建设项目的所有设备设施应实行全生命周期管理。下列关于设备设施全生命周期管理的说法中,正确的是(   )。

A. 安全设施投资应纳入专项资金管理,但不纳入建设项目概算

B. 主要生产设备设施变更应执行备案制度,并及时向地方政府相关部门汇报

C. 安全设施随生产设备改造同步拆除时,应采取临时安全措施,改造完成后立即恢复

D. 拆除生产设备设施涉及到危险物品时,应及时向地方政府相关部门汇报

【答案】C。

【解析】生产经营单位应对设备设施进行规范化管理,保证其安全运行。应有专人负责管理各种安全设施,建立台账,定期检(维)修。对安全设备设施应制订检(维)修计划。设备设施检(维)修前应制订方案,检(维)修方案应包含作业行为分析和控制措施,检(维)修过程应执行隐患控制措施并进行监督检查。安全设备设施不得随意拆除、挪用或弃置不用;确因检(维)修拆除的,应采取临时安全措施,检(维)修完毕后立即复原。

3. 【2013 年真题】安全文化由安全物质文化、安全行为文化、安全制度文化、安全精神文化组成。安全文化建设是通过创造一种良好的安全人文氛围和协调的人机环境,引导员工主动遵章守纪,养成良好的安全行为习惯。安全文化建设的目标是(   )。

A. 全员参与   B. 以人为本

C. 持续改进   D. 综合治理

【答案】B。

【解析】企业安全文化是"以人为本"多层次的复合体,由安全物质文化、安全行为文化、安全制度文化、安全精神文化组成。企业文化是"以人为本",提倡对人的"爱"与"护",以"灵性管理"为中心,以员工安全文化素质为基础所形成的,群体和企业的安全价值观和安全行为规范,表现于员工在受到激励后的安全生产的态度和敬业精神。企业安全文化是尊重人权、保护人的安全健康的实用性文化,也是人类生存、繁衍和发展的高雅文化。

4. 【2013 年真题】某企业高度重视安全文化建设,积极开展劳动竞赛和评先、评优等多种形式安全活动,营造良好的安全文化氛围。该企业每年度开展安全岗位标兵表彰活动,主要发挥了企业安全文化的(   )功能。

A. 辐射   B. 凝聚

C. 激励   D. 同化

【答案】D。

【解析】企业安全文化的同化功能是企业安全文化一旦在一定的群体中形成,便会对周围群体产生强大的影响作用,迅速向周边辐射。而且,企业安全文化还会保持一个企业稳定的、独特

的风格和活力,同化一批又一批新来者,使他们接受这种文化并继续保持与传播,使企业安全文化的生命力得以持久。

5. 【2013年真题】液氨发生事故的形态不同,其危害程度差别很大。安全评价人员在对液氨罐区进行重大危险源评价时,事故严重度评价应遵守(   )原则。

   A. 最大危险   B. 概率求和

   C. 概率乘积   D. 频率分析

【答案】A。

【解析】最大危险原则是指如果一种危险物具有多种事故形态,且它们的事故后果相差大,则按后果最严重的事故形态考虑。

6. 【2013年真题】某企业将电梯的日常维护保养委托给具备资质的单位进行,签订了维护保养协议。依据《特种设备安全监察条例》(国务院令第373号),维保单位进行清洁、润滑、调整和检查的周期应不低于(   )日。

   A. 15   B. 30

   C. 60   D. 90

【答案】A。

【解析】《特种设备安全监察条例》规定,电梯的日常维护保养必须由依照本条例取得许可的安装、改造、维修单位或者电梯制造单位进行。电梯应当至少每15日进行一次清洁、润滑、调整和检查。

7. 【2013年真题】甲企业设备管理部门将起重机大修工作委托给具有资质的乙公司进行,双方制定了详细的安全管控措施。下列安全措施中,错误的是(   )。

   A. 甲、乙双方签订了安全管理协议,明确了双方安全职责和要求

   B. 甲方安全主管部门对乙方作业人员进行了安全教育和交底

   C. 现场指定了专门负责人,用警示带对现场进行了围挡

   D. 大修完成后,经甲企业检测检验合格后可以投入使用

【答案】D。

【解析】起重机大修完成后,应经有资质的检测检验机构检验合格后可以投入使用。

8. 【2012年真题】根据《企业安全文化建设评价准则》(AQ/T 9005—2008),应对企业安全管理进行评价。下列要素中,属于安全管理评价的是(   )。

   A. 安全指引、安全行为、安全防护、环境感受

   B. 重要性体现、适用性体现、充分性体现、有效性体现

   C. 安全权责、管理机构、制度执行、管理效果

   D. 安全态度、管理机构、行为习惯、管理效果

【答案】C。

【解析】企业文化建设安全管理评价指标主要包括安全权责、管理机构、制度执行、管理效果。

9. 【2012年真题】保证安全生产投入是实现安全生产的重要基础。安全生产投入资金由谁保证应根据企业性质而定,个体经营企业的安全生产投入资金由(   )予以保证。

   A. 董事长   B. 总经理

   C. 投资人   D. 法人

【答案】C。

【解析】股份制企业、合资企业等安全生产投入资金由董事会予以保证;国有企业由厂长或者经理予以保证;个体工商户等个体经济组织由投资人予以保证。

10. 【2012年真题】根据《建设项目安全设施"三同时"监督管理暂行办法》(国家安全监管总局令第36号),跨两个及以上行政区域的建设项目安全设施"三同时"监督管理主体是(   )。
    A. 国家安全生产监督管理总局
    B. 其共同的上一级人民政府安全生产监督管理部门
    C. 省、自治区和直辖市安全生产监督管理部门
    D. 设区的市级安全生产监督管理部门

【答案】B。

【解析】跨两个及两个以上行政区域的建设项目安全设施"三同时"由其共同的上一级人民政府安全生产监督管理部门实施监督管理。

11. 【2012年真题】根据《安全生产事故隐患排查治理暂行规定》(国家安全监管总局令第16号),下列说法中,错误的是(   )。
    A. 生产经营单位对承包单位的事故隐患排查治理负有监督管理的职责
    B. 生产经营单位应保证事故隐患治理所需的资金
    C. 一般事故隐患由生产经营单位组织整改
    D. 重大事故隐患由生产经营单位安全管理部门组织制定整改方案

【答案】D。

【解析】生产经营单位的主要职责包括:生产经营单位是事故隐患排查、治理和防控的责任主体;生产经营单位应当保证事故隐患排查治理所需的资金,建立资金使用专项制度;生产经营单位对承包、承租单位的事故隐患排查治理负有统一协调和监督管理的职责;对于一般事故隐患,由生产经营单位(车间、分厂、区队等)负责人或者有关人员立即组织整改。对于重大事故隐患,由生产经营单位主要负责人组织制定并实施事故隐患治理方案。

12. 【2012年真题】某特种作业人员在特种作业操作证有效期内从事本工种作业,已连续工作10年。根据有关特种作业操作证复审的规定,无特殊情况,该作业人员复审的年限是(   )年。
    A. 3   B. 5
    C. 6   D. 8

【答案】C。

【解析】特种作业人员在特种作业操作证有效期内,连续从事本工种10年以上,严格遵守有关安全生产法律法规的,经原考核发证机关或者从业所在地考核发证机关同意,特种作业操作证的复审时间可以延长至每6年1次。

13. 【2012年真题】乙企业承包甲企业某建设项目。下列对现场安全管理的做法中,正确的是(   )。
    A. 现场施工作业应由甲方进行作业安全风险分析
    B. 甲、乙双方的安全监督人员均有现场监督责任
    C. 甲方应组织对乙方施工用起重机械设备进行使用前验收

D. 建设项目开工后,甲方无权决定终止合同的执行

【答案】B。

【解析】现场安全管理的要求主要包括:①工程开工前生产经营单位应对承包方负责人、工程技术人员进行全面的安全技术交底,并应有完整的记录;②在有危险性的生产区域内作业,有可能造成事故的,生产经营单位应要求承包方做好作业安全风险分析,并制定安全措施,经生产经营单位审核批准后,监督承包方实施;③在承包商队伍进入作业现场前,发包单位要对其进行消防安全、设备设施保护及社会治安方面的教育;④生产经营单位协助做好办理开工手续等工作,承包商取得经批准的开工手续后方可开始施工;⑤发包单位、承包商安全监督管理人员,应经常深入现场,检查指导安全施工,要随时对施工安全进行监督,发现有违反安全规章制度的情况,及时纠正,并按规定给予惩处;⑥同一工程项目或同一施工场所有多个承包商施工的,生产经营单位应与承包商签订专门的安全管理协议或者在承包合同中约定各自的安全生产管理职责,发包单位对各承包商的安全生产工作统一协调、管理;⑦承包商施工队伍严重违章作业,导致设备故障等严重影响安全生产的后果,生产经营单位可以要求承包商进行停工整顿,并有权决定终止合同的执行。

14. 【2011年真题】安全生产检查的工作程序一般包括检查前准备、实施检查、检查结果分析、提出整改要求、整改落实、整改结果反馈等。认真做好检查前的各项准备工作,可使安全检查工作事半功倍。下列事项中,属于检查前准备内容的是( )。

A. 查阅岗位安全生产责任制的考核记录

B. 查阅检查对象的日常维护和保养记录

C. 分析检查对象可能出现的危险、危害情况

D. 进行检查对象风险控制措施有效性后评估

【答案】C。

【解析】安全检查前准备的内容:①确定检查对象、目的、任务;②查阅、掌握有关法规、标准、规程的要求;③了解检查对象的工艺流程、生产情况、可能出现危险和危害的情况;④制定检查计划,安排检查内容、方法、步骤;⑤编写安全检查表或检查提纲;⑥准备必要的检测工具、仪器、书写表格或记录本;⑦挑选和训练检查人员并进行必要的分工等。

15. 【2011年真题】甲公司与乙公司合资成立丙公司,从事铁矿开采,由甲公司控股。丙公司的安全生产投入由( )予以保证。

A. 甲公司   B. 丙公司董事会

C. 丙公司董事长   D. 丙公司总经理

【答案】B。

【解析】安全生产投入资金具体由谁来保证,应根据企业的性质而定。一般说来,股份制企业、合资企业等安全生产投入资金由董事会予以保证;一般国有企业由厂长或者经理予以保证;个体工商户等个体经济组织由投资人予以保证。

16. 【2010年真题】某机械加工企业法人张某聘请某注册安全工程师事务所的注册安全工程师李某为该企业提供安全生产管理服务工作。保证该企业安全生产的责任应由( )。

A. 该企业法人张某   B. 注册安全工程师李某

C. 李某所在的注册安全工程师事务所   D. 当地县级安全生产监督管理部门

【答案】A。

【解析】根据《安全生产法》的规定,当生产经营单位依据法律规定和本单位实际情况,委托工程技术人员提供安全生产管理服务时,保证安全生产的责任仍由本单位负责。

17.【2010年真题】安全技术措施可以分为防止事故发生的安全技术措施和减少事故损失的安全技术措施两类。下列安全技术措施中不属于减少事故损失的是(　　)。

    A. 在电路中使用熔断器   B. 提高压力容器的安全系数

    C. 现场配备正压式呼吸器   D. 设置避难场所

【答案】B。

【解析】减少事故损失的安全技术措施主要包括:隔离,设置薄弱环节(如锅炉上的易熔塞、电路中的熔断器等),个体防护,避难与救援等。提高压力容器的安全系数是防止事故发生的安全技术措施。故 B 选项正确。

二、多项选择题

1.【2013年真题】某企业按照安全设备设施检维修计划对生产线和室外储油罐区进行大修,检维修前,企业主管领导召集各职能部门负责人和工程技术人员,共同商议制订了维修方案。维修方案中包含了具体的施工步骤、参与的部门和人员,以及时间要求和工程进度等内容。大修工程开始后,由于设置在罐区的塔式避雷针妨碍起吊运输储油罐,故临时决定将塔式避雷针先行拆除,待储油罐全部安装到位后再行恢复。施工过程中,由于雷雨天气,闪电击中刚立起的储油罐体上,瞬间将新建的储油罐体击穿,造成设备报废。下列关于检维修现场安全管理的说法中,正确的有(　　)。

A. 检维修方案应包含作业行为分析和控制措施

B. 塔式避雷装置可以用于防范直击雷

C. 施工前对施工维修人员进行安全交底

D. 采取临时防雷装置措施的接地电阻不小于 15Ω

E. 检维修方案必须报当地安全生产监督管理部门批准

【答案】AC。

【解析】生产经营单位应对设备设施进行规范化管理,保证其安全运行。应有专人负责管理各种安全设施,建立台账,定期检维修。对安全设备设施应制订检维修计划。设备设施检维修前应制订方案,检维修方案应包含作业行为分析和控制措施,检维修过程应执行隐患控制措施并进行监督检查。施工前,对施工维修人员、工程技术人员进行全面的安全技术交底。安全设备设施不得随意拆除、挪用或弃置不用;确因检维修拆除的,应采取临时安全措施,检维修完毕后立即复原。

2.【2013年真题】某咨询公司在承揽一批企业安全管理咨询项目时,对企业人员总数和安全管理机构设置关系有不同意见。依据《安全生产法》,下列企业中,必须设置安全生产管理机构或配备专职安全生产管理人员的是(　　)。

A. 从业人员 260 人的矿山单位

B. 从业人员 450 人的发电单位

C. 从业人员 280 人的洗衣机生产单位

D. 从业人员 100 人的建筑施工单位

E. 从业人员 60 人的烟花爆竹单位

【答案】ABDE。

【解析】《安全生产法》对生产经营单位安全生产管理机构的设置和安全生产管理人员的配

备原则作出了明确规定:"矿山、建筑施工单位和危险物品的生产、经营、储存单位,必须设置安全生产管理机构或者配备专职安全生产管理人员。前款规定以外的其他生产经营单位,从业人员超过300人的,必须设置安全生产管理机构或者配备专职安全生产管理人员。从业人员在300人以下的,应当配备专职或者兼职的安全生产管理人员,或者委托具有国家规定的相关专业技术资格的工程技术人员提供安全生产管理服务。"

3.【2012年真题】根据《特种作业人员安全技术培训考核管理规定》(国家安全监管总局令第30号),下列作业中,属于特种作业的有(   )。

A. 低压电工作业　　　　　　　　　B. 等离子切割作业

C. 机床车工作业　　　　　　　　　D. 矿山井下支柱作业

E. 磺化工艺作业

【答案】ABDE。

【解析】特种作业的范围包括:电工作业(高压、低压、防爆电气作业)、焊接与热切割作业、高处作业、制冷与空调作业、煤矿安全作业、金属非金属矿山安全作业、石油天然气安全作业、冶金(有色)生产安全作业、危险化学品安全作业、烟花爆竹安全作业、安全监管总局认定的其他作业。

4.【2012年真题】某地铁建设项目在进行可行性研究时,需要对其进行安全生产条件论证。下列论证内容中,应纳入安全条件论证报告的有(   )。

A. 当地自然条件对建设项目安全生产的影响

B. 建设项目对周边设施(单位)生产、经营活动在安全方面的相互影响

C. 建设项目与周边居民生活在安全方面的相互影响

D. 法律法规等方面的符合性

E. 人员管理和安全培训方面的评价

【答案】ABCD。

【解析】安全条件论证报告的内容主要包括:①建设项目内在的危险和有害因素及对安全生产的影响;②建设项目与周边设施(单位)生产、经营活动和居民生活在安全方面的相互影响;③当地自然条件对建设项目安全生产的影响;④其他需要论证的内容。建设项目安全预评价报告应当符合国家标准或者行业标准的规定。生产、储存危险化学品的建设项目安全预评价报告还应当符合有关危险化学品建设项目的规定。

5.【2011年真题】根据《建设项目安全设施"三同时"监督管理暂行办法》(安全监管总局令第36号),生产经营单位新建、改建、扩建建设项目时,下列关于生产经营单位、施工单位、监理单位的要求,正确的有(   )。

A. 施工单位对安全设施的工程质量负责

B. 监理单位对安全设施的工程质量承担监理责任

C. 生产经营单位应当向安全监管部门申请安全设施竣工验收

D. 监理单位发现工程存在事故隐患应当立即向有关政府主管部门报告

E. 安全设施的施工应当由取得相应资质的施工单位进行

【答案】ABCE。

【解析】施工单位应当严格按照安全设施设计和相关施工技术标准、规范施工,并对安全设施的工程质量负责。工程监理单位、监理人员应当按照法律法规和工程建设强制性标准实施监

理,并对安全设施工程的工程质量承担监理责任。建设项目竣工投入生产或者使用前,生产经营单位应当向安全生产监督管理部门申请安全设施竣工验收。工程监理单位在实施监理过程中,发现存在事故隐患的,应当要求施工单位整改;情况严重的,应当要求施工单位暂时停止施工,并及时报告生产经营单位。建设项目安全设施的施工应当由取得相应资质的施工单位进行,并与建设项目主体工程同时施工。

第三章 安全生产监管监察

一、单项选择题

1. 【2013年真题】我国通过实施行政许可制度、监督检查制度以及事故应对和调查处理机制,贯彻落实特种设备监察工作。其中行政许可制度是指(　　)。
   A. 市场准入和人员资格准入制度
   B. 市场准入和设备准用制度
   C. 危机处理和人员资格准入制度
   D. 行政执法和设备准用制度

   【答案】B。

   【解析】行政许可制度对特种设备实施市场准入制度和设备准用制度。市场准入制度主要是对从事特种设备的设计、制造、安装、修理、维护保养、改造的单位实施资格许可,并对部分产品出厂实施安全性能监督检验。对在用的特种设备通过实施定期检验,注册登记,施行准用制度。

2. 【2012年真题】安全生产监督管理部门监督管理的方式可以分为事前、事中和事后三种。下列监督管理内容中,属于事中监督管理的是(　　)。
   A. 电焊作业人员操作资格证审核
   B. 特种劳动防护用品使用的监察
   C. 危化品企业负责人安全资格证审批
   D. 生产安全事故调查处理

   【答案】B。

   【解析】本安全生产许可事项的审批,故选项A、C属于事前监督管理。事中监督管理主要包括行为监察和技术监察。选项B属于技术监察。事后的监督管理是生产安全事故发生后的应急救援,以及调查处理,查明事故原因,严肃处理有关责任人员,提出防范措施。故选项D属于事后的监督管理。

3. 【2012年真题】国家对特种设备的安全监察对象、内容、程序和监察结果的处置要求均有明确规定。下列说法中,正确的是(　　)。
   A. 特种设备经甲省机构检验合格后到乙省使用,应由乙省机构重新检验
   B. 特种设备安全监察人员均有权独立随时实施现场监察
   C. 监察人员应做好现场监察记录,并经被检查单位有关负责人签字确认
   D. 特种设备安全监察指令必须以口头形式发出

   【答案】C。

   【解析】特种设备安全监督管理部门对特种设备生产、使用单位和检验检测机构实施安全监察时,应当有两名以上特种设备安全监察人员参加,并出示有效的特种设备安全监察人员证件。

特种设备安全监督管理部门对特种设备生产、使用单位和检验检测机构实施安全监察,应当对每次安全监察的内容、发现的问题及处理情况,作出记录,并由参加安全监察的特种设备安全监察人员和被检查单位的有关负责人签字后归档。特种设备安全监督管理部门对特种设备生产、使用单位和检验检测机构进行安全监察时,发现有违反规定和安全技术规范要求的行为或者在用的特种设备存在事故隐患、不符合能效指标的,应当以书面形式发出特种设备安全监察指令,责令有关单位及时采取措施,予以改正或者消除事故隐患。紧急情况下需要采取紧急处置措施的,应当随后补发书面通知。

4.【2011年真题】我国对从事特种设备的设计、制造、安装、修理、维护保养、改造的单位实施资格许可,并对部分产品出厂实施安全性能监督检验,是(　　)的要求。

A. 设备准用制度　　　　　　　　　　B. 市场准入制度

C. 监督检查制度　　　　　　　　　　D. 责任追究制度

【答案】B。

【解析】对特种设备实施市场准入制度和设备准用制度。市场准入制度主要是对从事特种设备的设计、制造、安装、修理、维护保养、改造的单位实施资格许可,并对部分产品出厂实施安全性能监督检验。对在用的特种设备通过实施定期检验,注册登记,施行准用制度。

5.【2011年真题】煤矿安全监察时需要考虑煤矿的特殊性、环境与生产管理的多样性,选择不同的安全监察方式,对煤矿许可事项、安全组织保障的监察方式属于(　　)。

A. 定期监察　　　　　　　　　　　　B. 专项监察

C. 日常监察　　　　　　　　　　　　D. 重点监察

【答案】D。

【解析】重点监察指对重点事项的监察,如安全生产许可证的监察,安全管理机构设置和安全管理人员安全资格的监察等。

二、多项选择题

1.【2010年真题】作业场所监督检查是安全生产监督管理的一种重要形式,作业场所监督检查的内容一般包括(　　)。

A. 规章制度和操作规程　　　　　　　B. 安全培训和持证上岗

C. 职业危害和劳动保护　　　　　　　D. 党风廉政和效能监察

E. 安全管理和事故处理

【答案】ABCE。

【解析】监督检查用人单位执行安全生产法律、法规及标准的情况。检查有关许可证的持证情况,有关会议记录,安全生产管理机构及安全管理人员配备情况,安全投入,安全费用提取等。

2.【2010年真题】我国实行特种设备安全全过程一体化监察制度,该制度包括(　　)等环节的监察。

A. 设计和制造　　　　　　　　　　　B. 安装和使用

C. 检验和修理　　　　　　　　　　　D. 登记和备案

E. 回收和报废

【答案】ABC。

【解析】目前,对特种设备的安全监察,主要建立两项制度:①特种设备市场准入制度;②从设计、制造、安全、使用、检验、修理、改造7个环节全过程一体化的监察制度。

第四章 安全评价

一、单项选择题

1. 【2013年真题】依据《生产过程危险和有害因素分类与代码》(GB/T 13861—2009)，危险、有害因素分为人的因素、物的因素、环境因素和管理因素4大类。下列关于危险、有害因素辨识的说法中，正确的是(　　)。

   A. "地面湿滑"、"安全通道狭窄"、"料口围栏缺陷"属于环境因素，"岩体滑动"、"通风气流紊乱"属于物的因素

   B. "地面湿滑"、"安全通道狭窄"、"通风气流紊乱"属于物的因素，"岩体滑动"、"料口围栏缺陷"属于管理因素

   C. "地面湿滑"、"岩体滑动"、"通风气流紊乱"、"安全通道狭窄"、"料口围栏缺陷"属于物的因素

   D. "地面湿滑"、"岩体滑动"、"通风气流紊乱"、"安全通道狭窄"、"料口围栏缺陷"属于环境因素

   【答案】A。

   【解析】人的因素包括心理、生理性危险和有害因素；行为性危险和有害因素。物的因素包括物理性危险和有害因素；化学性危险和有害因素；生物性危险和有害因素。环境因素包括室内作业场所环境不良；室外作业场所环境不良；地下(含水下)作业环境不良；其他作业环境不良。管理因素包括职业安全卫生组织机构不健全；职业安全卫生责任制未落实；职业安全卫生管理规章制度不完善；职业安全卫生投入不足；职业健康管理不完善；其他管理因素缺陷。"地面湿滑"、"安全通道狭窄"、"料口围栏缺陷"属于环境因素。"岩体滑动"、"通风气流紊乱"属于物的因素。

2. 【2013年真题】危险与可操作性研究(HAZOP)是一种定性的安全评价方法。它的基本过程是以关键词为引导，找出过程中工艺状态的偏差，然后分析找出偏差的原因、后果及可采取的对策。下列关于HAZOP评价方法的组织实施的说法中，正确的是(　　)。

   A. 评价涉及众多部门和人员，必须由企业主要负责人担任组长

   B. 评价工作可分为熟悉系统、确定顶上事件、定性分析3个步骤

   C. 可由一位专家独立承担整个HAZOP分析任务，小组评审

   D. 必须由一个多专业且专业熟练的人员组成的工作小组完成

   【答案】D。

   【解析】危险和可操作性研究方法可按分析的准备、完成分析和编制分析结果报告3个步骤来完成。其本质就是通过系列会议对工艺流程图和操作规程进行分析，由各种专业人员按照规定的方法对偏离设计的工艺条件进行过程危险和可操作性研究。有鉴于此，虽然某一个人也可能单独使用危险和可操作性研究方法，但这绝不能称为危险和可操作性研究。所以，危险和可操作性研究方法与其他安全评价方法的明显不同之处是，其他方法可由某人单独使用，而危险和可操作性分析则必须由一个多方面的、专业的、熟练的人员组成的小组来完成。

3. 【2013年真题】某金属露天矿山为了节省开支，拟将建设项目安全预评价和验收评价工作整体委托。露天矿项目经理就安全预评价和验收评价的机构和评价人等相关问题咨询了有关人员。依据《安全评价机构管理规定》，下列关于安全评价委托的说法中，正确

的是(   )。

    A. 预评价和验收评价可由同一评价机构承担,评价人员可以相同

    B. 预评价和验收评价可由同一评价机构承担,评价人员必须不同

    C. 同一对象的预评价和验收评价应由不同评价机构承担

    D. 经主管部门同意,预评价和验收评价可由同一评价机构承担

【答案】C。

【解析】对评价对象的要求是同一对象的安全预评价和安全验收评价,应由不同的安全评价机构分别承担。安全评价机构与被评价单位存在投资咨询、工程设计、工程监理、工程咨询、物资供应等各种利益关系的,不得参与其关联项目的安全评价活动。

4.【2012 年真题】根据安全预评价程序的要求,在进行危险、有害因素辨识与分析前,需要做安全预评价的前期准备工作。下列工作中,属于安全预评价前期准备工作的是(   )。

    A. 进行评价单元的划分   B. 收集相关法律法规

    C. 进行定性定量分析   D. 选择评价方法

【答案】B。

【解析】安全预评价的前期准备工作包括:明确评价对象和评价范围;组建评价组;收集国内外相关法律法规、标准、行政规章、规范;收集并分析评价对象的基础资料相关事故案例;对类比工程进行实地调查等。

5.【2012 年真题】某建筑工地,在使用塔式起重机起吊模板时,发生钢丝绳断裂,模板从 5m 高空落下,地面一作业人员躲闪不及,被砸成重伤。根据《企业职工伤亡事故分类标准》(GB 6441—1986),这起事故类型是(   )。

    A. 机械伤害   B. 物体打击

    C. 起重伤害   D. 高处坠落

【答案】C。

【解析】参照《企业职工伤亡事故分类标准》(GB 6441—1986),将危险因素分为物体打击、车辆伤害、机械伤害、起重伤害、高处坠落等。其中起重伤害是指各种起重作业(包括起重机安装、检修、试验)中发生的挤压、坠落(吊具、吊重)、物体打击等。

6.【2011 年真题】某评价机构承担了煤矿建设项目的安全预评价工作,并成立了评价项目组。在明确评价对象、评价范围后,收集了相关的法律法规和标准、评价对象的基础资料和相关事故案例。在预评价的前期准备工作中,该评价项目组还应进行的工作是(   )。

    A. 全面辨识危险有害因素   B. 合理划分评价单元

    C. 选择适用的评价方法   D. 实地调查类比工程

【答案】D。

【解析】前期准备工作应包括:明确评价对象和评价范围;组建评价组;收集国内外相关法律法规、标准、行政规章、规范;收集并分析评价对象的基础资料、相关事故案例;对类比工程进行实地调查等。

7.【2010 年真题】安全预评价工作在项目建设之前进行,运行系统安全工程的原理和方法,识别危险及有害因素,评价其危险度,提出相应的安全对策措施及建议。在进行安全预评价时应以建设项目的(   )作为主要依据。

    A. 初步设计   B. 工业设计

C. 可行性研究报告   D. 安全卫生专篇

【答案】C。

【解析】安全预评价是在项目建设前,根据建设项目可行性研究报告的内容,分析和预测该建设项目可能存在的危险、有害因素的种类和程度,提出合理可行的安全对策措施和建议,用以指导建设项目的初步设计。

二、多项选择题

1. 【2012 年真题】安全预评价和安全验收评价划分评价单元的方式有所不同。下列划分评价单元的方式中,属于安全预评价的有( )。
   - A. 自然条件   B. 辅助设施配套性
   - C. 危险和有害因素分布及状况   D. 应急救援有效性
   - E. 基本工艺条件

【答案】ACE。

【解析】评价单元划分应考虑安全预评价的特点,以自然条件、基本工艺条件、危险和有害因素分布及状况、便于实施评价为原则进行。

2. 【2012 年真题】根据《企业职工伤亡事故分类标准》(GB 6441—1986),下列关于事故分类的说法,正确的有( )。
   - A. 电工在高处进行带电作业过程中,因触电导致的高处坠落伤亡事故应为高处坠落事故
   - B. 电工在高处进行带电作业过程中,因触电导致的高处坠落伤亡事故应为触电事故
   - C. 压力容器爆炸产生的个别飞散物(爆炸碎片)击伤人员的事故应为物体打击事故
   - D. 压力容器爆炸产生的个别飞散物(爆炸碎片)击伤人员的事故应为容器爆炸事故
   - E. 电焊作业过程中,因焊渣引发火灾进而造成电焊工皮肤灼烫的伤人事故应为火灾事故

【答案】BDE。

【解析】危险因素主要包括:物体打击(指物体在重力或其他外力的作用下产生运动,打击人体,造成人身伤亡事故,不包括因容器爆炸、坍塌等引起的物体打击)、触电、灼烫(指火焰烧伤、高温物体烫伤、化学灼伤、物理灼伤,不包括电灼伤和火灾引起的烧伤)、火灾、高处坠落(指在高处作业中发生坠落造成的伤亡事故,不包括触电坠落事故)等。

3. 【2012 年真题】新建项目进行安全验收评价时,评价机构首先需要依据建设项目前期技术文件要求,对安全生产保障实施情况和相关对策措施的落实情况进行评价。建设项目前期技术文件主要包括( )。
   - A. 安全预评价报告   B. 可行性研究报告
   - C. 安全现状评价报告   D. 现场灾害事故报告
   - E. 初步设计中安全卫生专篇

【答案】ABE。

【解析】建设项目前期技术文件包括安全预评价、可行性研究报告、初步设计中安全卫生专篇等。

4. 【2012 年真题】定性安全评价方法主要是根据经验和直观判断,对生产系统的工艺、设备、设施、环境、人员和管理方面的状况进行分析或评价。下列属于定性安全评价方法的有( )。

A. 安全检查表   B. 危险可操作性研究

C. 危险指数评价法   D. 概率风险评价法

E. 因素图分析法

【答案】ABE。

【解析】定性安全评价方法包括安全检查表、专家现场询问观察法、因素图分析法、事故引发和发展分析、作业条件危险性评价法、故障类型和影响分析、危险可操作性研究等。

5.【2011年真题】按照安全评价的量化程度,安全评价方法可以分为定性安全评价方法和定量安全评价方法。下列评价方法中,属于定量安全评价方法的有(　　)。

A. 概率风险评价法   B. 危险指数评价法

C. 故障类型和影响分析法   D. 危险和可损伤性分析法

E. 事故引发和发展分析法

【答案】AB。

【解析】按照安全评价给出的定量结果的类别不同,定量安全评价方法还可以分为概率风险评价法、伤害(或破坏)范围评价法和危险指数评价法。

6.【2011年真题】根据《生产过程危险和有害因素分类与代码》(GB/T 13861—2009),下列职业性危害因素中,属于环境因素的有(　　)。

A. 作业场地涌水   B. 房屋基础下沉

C. 烟雾   D. 激光

E. 超负荷劳动

【答案】ABC。

【解析】环境因素包括:室内作业场所环境不良;室外作业场所环境不良;地下(含水下)作业环境不良;其他作业环境不良。超负荷劳动属于人的因素。激光属于物的因素。

7.【2010年真题】根据《企业职工伤亡事故分类标准》(GB 6441—1986),综合考虑起因物、引起事故的诱导性原因、致害物、伤害方式等,将危险因素分为20类,起重伤害是其中一类,下列伤害中属于起重伤害的有(　　)。

A. 起重机电线老化,造成的触电伤害

B. 员工在起重机操作室外不慎坠落造成的伤害

C. 起重机吊物坠落造成的伤害

D. 起重机由于地基不稳倾覆造成的伤害

E. 起重机安装过程中员工从高处坠落造成的伤害

【答案】ACDE。

【解析】参照《企业职工伤亡事故分类》(GB 6441—1986),综合考虑起因物、引起事故的诱导性原因、致害物、伤害方式等,将危险因素分为20类。其中起重伤害指各种起重作业(包括起重机安装、检修、试验)中发生的挤压、坠落(吊具、吊重)、物体打击和触电。

第五章　职业危害预防和管理

一、单项选择题

1.【2013年真题】职业病危害因素按来源可分为生产过程、劳动过程和生产环境中产生的有害因素三类。生产过程中产生的职业病危害因素,按其性质可分为( )。

A. 接触因素、辐射因素、传染因素

B. 物理因素、化学因素、生物因素

C. 物理因素、化学因素、有毒因素

D. 浓度因素、强度因素、生物因素

【答案】B。

【解析】生产过程中产生的有害因素按其性质可分为化学因素(包括生产性粉尘和化学有毒物质);物理因素(例如异常气象条件、异常气压、噪声、振动、辐射等);生物因素(例如附着于皮毛上的炭疽杆菌、甘蔗渣上的真菌,医务工作者可能接触到的生物传染性病原物等)。

2. 【2013年真题】某焦化厂配煤操作岗位,检测出的粉尘浓度超过国家标准。工厂为降低粉尘浓度,减少对职工身体的危害,物料输送时采用水雾化喷洒尘、地面洒水等形式的湿式作业,但发现湿式作业对降低粉尘浓度的效果并不明显,其主要原因是( )。

A. 粉尘比重较轻   B. 粉尘比重较重

C. 粉尘的亲水性强   D. 粉尘的亲水性弱

【答案】D。

【解析】能够较长时间悬浮于空气中的固体微粒叫做粉尘。从胶体化学观点来看,粉尘是固态分散性气溶胶。其分散媒是空气,分散相是固体微粒。在生产中,与生产过程有关而形成的粉尘叫做生产性粉尘。由于粉尘的亲水性弱,所以水雾化喷洒尘、地面洒水等形式的湿式作业对降低粉尘深度的效果并不明显。

3. 【2012年真题】企业生产经营活动的职业有害因素来源于生产过程、劳动过程以及生产环境。下列职业有害因素中,属于劳动过程中的有害因素是( )。

A. 粉尘   B. 不良体位

C. 高温   D. 硫化氢

【答案】B。

【解析】劳动过程中的有害因素包括:劳动组织和制度不合理,劳动作息制度不合理等;精神性职业紧张;劳动强度过大或生产定额不当;个别器官或系统过度紧张,如视力紧张等;长时间不良体位或使用不合理的工具等。

4. 【2011年真题】职业健康监护是职业危害防治的一项主要内容。下列职业健康管理工作中,属于职业健康监护工作内容的是( )。

A. 按标准配备符合防治职业病要求的个人防护用品

B. 对有毒有害作业场所进行职业危害因素监测

C. 在可能发生急性职业操作的有毒有害场所配置现场急救用品

D. 组织接触职业危害的作业人员进行上岗前体检

【答案】D。

【解析】职业健康监护的主要管理工作内容包括:按职业卫生有关法规标准的规定组织接触职业危害的作业人员进行上岗前职业健康体检;按规定组织接触职业危害的作业人员进行在岗期间职业健康体检;按规定组织接触职业危害的作业人员进行离岗职业健康体检;禁止有职业禁忌症的劳动者从事其所禁忌的职业活动,调离并妥善安置有职业健康损害的作业人员;未进行离岗职业健康体检,不得解除或者终止劳动合同;职业健康监护档案应符合要求,并妥善保管;无偿为劳动者提供职业健康监护档案复印件。

5. 【2010年真题】根据《作业场所职业健康监督管理暂行规定》(安全监管总局第23号),安全生产监督管理部门在监督检查生产经营单位时,无权采取的措施是(　　)。

A. 进入被检查单位及作业场所,进行职业危害检测

B. 查阅、复制被检查单位有关职业危害防治的文件、资料

C. 对有根据认为不符合职业危害防治的国家标准、行业标准的设施、设备、器材予以查封或者扣押

D. 向被检查单位推荐购置指定的劳动防护用品

【答案】D。

【解析】安全生产监督管理部门履行监督检查职责时,有权采取下列措施:①进入被检查单位和作业现场,进行职业危害检测,了解情况,调查取证;②查阅或者复制与违反职业危害防治法律法规、规章和国家标准及行业标准的行为有关的资料和采集样品;③责令违反职业危害防治法律法规、规章和国家标准及行业标准的单位和个人停止违法违规行为;④发生职业危害事故或者有证据证明危害状态可能导致职业危害事故发生时,可以采取下列临时控制措施:责令暂停导致或者可能导致职业危害事故的作业;封存造成职业危害事故或者可能导致职业危害事故发生的材料和设备;组织控制职业危害事故现场。

二、多项选择题

1. 【2013年真题】某电厂有两台排污泵(一用一备),安装在低于地面2m的泵房内,排污泵的工作介质温度约为90℃。该泵房内作业现场存在的职业病危害因素有(　　)。

A. 高温高湿　　　　　　　　　　B. 有毒气体

C. 触电　　　　　　　　　　　　D. 电离辐射

E. 机械噪声

【答案】ACE。

【解析】低于地面2m的泵房内,排污泵的工作介质温度约为90℃,属于高温高湿作业。电厂存在触电危险。排污泵工作时会产生噪声。

2. 【2013年真题】煤矿井下掘进巷道中存在多种职业病危害因素,如掘进爆破时产生的煤岩粉尘,局扇运行产生的噪音,巷帮淋水造成的井下空气潮湿及深井工作面的高温等。为了保护作业人员的身体健康,下列职业病危害控制措施中,正确的有(　　)。

A. 加大炸药量,降低一氧化碳产生量

B. 局部采取吸声设计,降低噪声危害

C. 适当增加工作面通风量,降低工作面温度

D. 掘进工作面转载机附近进行喷雾降尘

E. 巷道采取疏水措施,减小巷道淋水

【答案】BCDE。

【解析】工程控制技术措施是指应用工程技术的措施和手段(例如密闭、通风、冷却、隔离等),控制生产工艺过程中产生或存在的职业危害因素的浓度或强度,使作业环境中有害因素的浓度或强度降至国家职业卫生标准容许的范围之内。例如,控制作业场所中存在的粉尘,常采用湿式作业或者密闭抽风除尘的工程技术措施,以防止粉尘飞扬,降低作业场所粉尘浓度;对于化学毒物的工程控制,则可以采取全面通风、局部送风和排出气体净化等措施;对于噪声危害,则可

以采用隔离降噪、吸声等技术措施。针对不同类型的职业危害因素,应选用合适的防尘、防毒或者防噪等的个体防护用品。

3.【2012年真题】我国职业危害申报工作实行属地化管理。下列有关职业危害申报工作的要求中,正确的是(　　)。

    A. 企业是申报的责任主体

    B. 新建项目竣工验收之日起30日内应进行申报

    C. 作业场所职业危害每年申报一次

    D. 卫生监督部门是申报的接受部门

    E. 企业终止生产经营活动后,不再履行报告责任

【答案】ABC。

【解析】在中华人民共和国境内存在或者产生职业危害的生产经营单位(煤矿企业除外),应当按照国家有关法律、行政法规及《作业场所职业危害申报管理办法》的规定,及时、如实申报职业危害,并接受安全生产监督管理部门的监督管理。作业场所职业危害每年申报一次。进行新建、改建、扩建、技术改造或者技术引进的,在建设项目竣工验收之日起30日内进行申报。生产经营单位应当按照规定对本单位作业场所职业危害因素进行检测、评价,并按照职责分工向其所在地县级以上安全生产监督管理部门申报。生产经营单位终止生产经营活动的,应当在生产经营活动终止之日起15日内向原申报机关报告并办理相关手续。

4.【2011年真题】生产经营单位职业健康管理中,前期预防管理包括(　　)。

    A. 职业危害申报   B. 建设项目职业卫生"三同时"管理

    C. 职业卫生安全许可证管理   D. 职业健康监护

    E. 作业环境和职业危害因素检测

【答案】ABC。

【解析】前期预防管理包括:职业危害申报、建设项目职业卫生"三同时"管理、职业卫生安全许可证管理。

第六章　应急管理

一、单项选择题

1.【2013年真题】事故应急救援的基本任务主要包括:一是立即组织营救受害人员,组织撤离或者采取其他措施保护危害区域内的其他人员。二是迅速控制事态,并对事故造成的危害进行检测、监测,评估事故的危害区域、危险性质及危害程度。三是消除危害后果,做好现场恢复。四是查清事故原因,评估事故危害程度。为完成第三项基本任务,应迅速采取的措施是(　　)。

    A. 隔离、减弱、监测、评估

    B. 封闭、隔离、洗消、监测

    C. 疏散、隔离、减弱、监测

    D. 封闭、减弱、洗消、监测

【答案】B。

【解析】消除危害后果,做好现场恢复。针对事故对人体、动(植)物、土壤、空气等造成的现

实危害和可能的危害,迅速采取封闭、隔离、洗消、监测等措施,防止对人的继续危害和对环境的污染。及时清理废墟和恢复基本设施,将事故现场恢复至相对稳定的状态。

2. **【2013 年真题】**应急演练实施是将演练方案付诸行动的过程,是整个演练程序中的核心环节。下列内容中,属于应急演练实施阶段的是( )。
   A. 演练方案培训、演练现场检查、演练执行、演练结束和领导点评
   B. 现场检查确认、演练情况说明、演练执行、演练结束和现场点评
   C. 落实演练保障措施、启动演练执行程序、结束演练和专家点评
   D. 介绍演练人员及规则、演练启动与执行、演练结束和预案评审

【答案】B。

【解析】应急演练实施阶段的内容包括:演练前检查;演练前情况说明和动员;演练启动;演练执行;演练结束与意外终止;现场点评会。

3. **【2012 年真题】**某企业在一次液氯泄漏事故的应急救援中,对事故的发展态势及影响及时进行了动态监测,建立现场和场外的监测和评估程序。下列做法中,正确的是( )。
   A. 现场应急结束后,终止现场和场外监测
   B. 现场恢复阶段,终止现场和场外监测
   C. 将监测与评估的结果作为实施周边群众保护措施的重要依据
   D. 可燃气体监测优先有毒有害气体监测

【答案】C。

【解析】事态监测与评估在应急救援中起着非常重要的决策支持作用,其结果不仅是控制事故现场,制定消防、抢险措施的重要决策依据,也是划分现场工作区域、保障现场应急人员安全、实施公众保护措施的重要依据。即使在现场恢复阶段,也应当对现场和环境进行监测。

4. **【2011 年真题】**生产经营单位发生事故后,可能影响到该单位周边地区时,应及时启动警报系统,告知公众有关疏散时间、路线、交通工具及目的地等信息。该工作属于应急响应过程中的( )。
   A. 警报和紧急公告   B. 指挥与控制
   C. 公共关系   D. 接警与通知

【答案】A。

【解析】警报和紧急公告指当事故可能影响到周边地区,对周边地区的公众可能造成威胁时,应及时启动警报系统,向公众发出警报。决定实施疏散时,应通过紧急公告确保公众了解疏散的有关信息,如疏散时间、路线、随身携带物、交通工具及目的地等。

5. **【2011 年真题】**在应急管理过程中,加大建筑物安全距离、减少危险物品存在量、设置防护墙等措施,属于应急管理( )阶段所做的工作。
   A. 预防   B. 准备
   C. 响应   D. 恢复

【答案】A。

【解析】在应急管理中预防有两层含义:①事故的预防工作,即通过安全管理和安全技术等手段,尽可能地防止事故的发生,实现本质安全;②在假定事故必然发生的前提下,通过预先采取的预防措施,达到降低或减缓事故的影响或后果的严重程度,如加大建筑物的安全距离、工厂选址的安全规划、减少危险物品的存量、设置防护墙以及开展公众教育等。

6. 【2010年真题】某矿山企业发生井下透水事故，造成157人被困。国务院接到事故报告后，立即启动了国家安全生产事故灾难应急预案，组织救援。该事故灾难的应急领导机构是(　　)。

A. 国务院安全生产监督管理部门　　　B. 国务院安委会办公室

C. 国务院安委会　　　　　　　　　D. 国务院国有资产管理委员会

【答案】A。

【解析】特别重大事故、重大事故逐级上报至国务院安全生产监督管理部门和负有安全生产监督管理职责的有关部门。

二、多项选择题

1. 【2013年真题】某地下铁矿应急预案体系由综合应急预案、专项应急预案、现场应急处置方案组成。下列关于该矿地下开采事故应急预案的说法中，正确的有(　　)。

A. 综合应急预案必须明确所有临时性应急方案

B. 专项应急预案应包括冒顶片帮、透水、火灾、中毒和窒息等事故预案

C. 火灾事故专项应急预案对组织机构及职责有较强的针对性和具体阐述

D. 中毒和窒息专项预案的编制应辨识井下破碎硐室的危险有害因素

E. 触电事故现场应急处置方案应当明确现场处置、事故控制和人员救护等应急处置措施

【答案】BCDE。

【解析】专项预案是在综合预案的基础上，充分考虑了某种特定危险的特点，对应急的形势、组织机构、应急活动等进行更具体的阐述，具有较强的针对性。综合预案相当于总体预案，从总体上阐述预案的应急方针、政策，应急组织结构及相应的职责，应急行动的总体思路等。专项预案是针对某种具体的、特定类型的紧急情况，如煤矿瓦斯爆炸、危险物质泄漏、火灾、某一自然灾害、危险源和应急保障而制定的计划或方案，是综合应急预案的组成部分，应按照综合应急预案的程序和要求组织制订，并作为综合应急预案的附件。现场处置方案是在专项预案的基础上，根据具体情况而编制的。它是针对具体装置、场所、岗位所制定的应急处置措施。

2. 【2011年真题】按照事故应急预案编制的整体协调性和层次不同，可将其划分为(　　)等几个层次。

A. 专项预案　　　　　　　　　　B. 基本预案

C. 现场处置方案　　　　　　　　D. 综合预案

E. 部门预案

【答案】ACD。

【解析】一般情况下，按照应急预案的功能和目标，应急预案可分为3个层次：综合预案、专项预案、现场处置方案。

第七章　生产安全事故调查与分析

一、单项选择题

1. 【2013年真题】小李、小赵和小孙一起实施矿井爆破作业，在瓦斯检查员不在现场的情况下，小李实施了爆破作业，爆破引发了瓦斯爆炸，小赵和小孙当场被砸成重伤。依据《企

业职工伤亡事故分类标准》(GB 6441—1986),该起重伤事故属于( )。

    A. 物体打击   B. 冒顶片帮

    C. 放炮   D. 瓦斯爆炸

【答案】D。

【解析】伤亡事故的分类,分别从不同方面描述了事故的不同特点。根据 1986 年 5 月 31 日发布的《企业职工伤亡事故分类标准》(GB 6441—1986),伤亡事故是指企业职工在生产劳动过程中,发生的人身伤害和急性中毒。事故的类别包括:物体打击、车辆伤害、机械伤害、起重伤害、触电、淹溺、灼烫、火灾、高处坠落、坍塌、冒顶片帮、透水、放炮、火药爆炸、瓦斯爆炸、锅炉爆炸、容器爆炸、其它爆炸、中毒和窒息、其它伤害。对事故造成的伤害分析要考虑的因素有受伤部位、受伤性质(人体受伤的类型)、起因物、致害物、伤害方式、不安全状态、不安全行为。按照事故造成的伤害程度又可把伤害事故分为轻伤事故、重伤事故和死亡事故。

2. 【2013 年真题】某石油化工企业在 A 省 B 市 C 县一天然气生产矿井发生井喷。井喷后作业人员应急处置不当。含有 H_2S 的有毒气体向下风向扩散,造成周围群众 13 人死亡,105 人急性中毒。依据《生产安全事故报告和调查处理条例》(国务院令 493 号),负责组织此次事故调查的是( )。

    A. 国务院   B. A 省人民政府

    C. B 市人民政府   D. C 县人民政府

【答案】A。

【解析】特别重大事故是指造成 30 人以上(含 30 人)死亡,或者 100 人以上(含 100 人)重伤(包括急性工业中毒),或者 1 亿元以上(含 1 亿元)直接经济损失的事故。特别重大事故、重大事故逐级上报至国务院安全生产监督管理部门和负有安全生产监督管理职责的有关部门。较大事故逐级上报至省、自治区、直辖市人民政府安全生产监督管理部门和负有安全生产监督管理职责的有关部门。一般事故上报至设区的市级人民政府安全生产监督管理部门和负有安全生产监督管理职责的有关部门。特别重大事故由国务院或者国务院授权有关部门组织事故调查组进行调查。重大事故、较大事故、一般事故分别由事故发生地省级人民政府、设区的市级人民政府、县级人民政府负责调查。

3. 【2012 年真题】根据《生产安全事故报告和调查处理条例》(国务院令第 493 号),下列关于生产安全事故调查组的人员构成、主要工作程序与任务、责任和权力的说法中,正确的是( )。

    A. 事故调查实行"政府领导、专家负责"的原则

    B. 事故调查组的职责应包括事故防范措施的落实

    C. 必要时,调查组可以直接组织专家进行技术鉴定

    D. 较大事故调查组的成员组成应包括事故发生单位技术人员

【答案】C。

【解析】生产安全事故调查组的人员构成、主要工作程序与任务、责任和权力:①事故调查工作实行"政府领导、分级负责"的原则。②特别重大事故以下等级事故,事故发生地与事故发生单位不在同一个县级以上行政区域的,由事故发生地人民政府负责调查,事故发生单位所在地人民政府应当派人参加。③事故调查组履行的职责包括:查明事故发生的经过、原因、人员伤亡情况及直接经济损失;认定事故的性质和事故责任;提出对事故责任者的处理建议;总结事故教训,

提出防范和整改措施;提交事故调查报告。④事故调查中需要进行技术鉴定的,事故调查组应当委托具有国家规定资质的单位进行技术鉴定。必要时,事故调查组可以直接组织专家进行技术鉴定。

4. 【2012年真题】事故发生后,企业应立即进行上报,报告内容包括事故发生的时间、地点、事故现场情况、事故的简要经过、事故已经造成或者可能造成的伤亡人数(包括下落不明的人数)和初步评估的直接经济损失、已经采取的措施,以及( )。

A. 事故发生单位概况　　　　　　　B. 事故间接经济损失

C. 相关领导在现场指挥情况　　　　D. 现场影像资料

【答案】A。

【解析】事故调查报告应当包括事故发生单位概况、事故发生经过和事故救援情况、事故造成的人员伤亡和直接经济损失、事故发生的原因和事故性质、事故责任的认定以及对事故责任者的处理建议、事故防范和整改措施。

5. 【2011年真题】某企业生产车间发生了人身伤亡事故,造成3人死亡。根据《生产安全事故报告和调查处理条例》(国务院令第493号),该事故由( )负责组织调查。

A. 事故发生单位上级主管部门　　　B. 所在地县级人民政府

C. 所在地设区的市级人民政府　　　D. 省级人民政府

【答案】C。

【解析】较大事故,是指造成3人以上(含3人)10人以下死亡,或者10人以上(含10人)50人以下重伤。重大事故、较大事故、一般事故分别由事故发生地省级人民政府、设区的市级人民政府、县级人民政府负责调查。

6. 【2010年真题】某矿业公司发生矿井事故,造成25人死亡,6人重伤。根据《生产安全事故报告和调查处理条例》(国务院令第493号),本次事故的调查应由( )。

A. 国务院　　　　　　　　　　　　B. 省级人民政府

C. 市级人民政府　　　　　　　　　D. 县级人民政府

【答案】B。

【解析】重大事故、较大事故、一般事故分别由事故发生地省级人民政府、设区的市级人民政府、县级人民政府负责调查。省级人民政府、设区的市级人民政府、县级人民政府可以直接组成事故调查组进行调查,也可以授权或者委托有关部门组织事故调查组进行调查。未造成人员伤亡的事故,县级人民政府也可以委托事故发生单位组织事故调查组进行调查。本事故属于重大事故,应由省级人民政府负责调查。

二、多项选择题

1. 【2013年真题】某民爆企业发生乳化炸药爆炸事故,造成厂房倒塌,设备损毁,多人伤亡。在对该起事故进行调查处理过程中,下列收集现场有关物证的做法中,正确的有( )。

A. 收集现场破损部分件及碎片

B. 标注残留物、致害物的位置

C. 清理有害物质时采取保护证据措施

D. 清除物证粘附的危险介质

E. 收集证人证言

【答案】ABC。

【解析】《企业职工伤亡事故调查分析规则》规定,现场物证包括:破损部件、碎片、残留物、致害物的位置等。在现场搜集到的所有物件均应贴上标签,注明地点、时间、管理者。所有物件应保持原样,不准冲洗擦拭。对健康有危害的物品,应采取不损坏原始证据的安全防护措施。

2. 【2012年真题】某年4月12日,施工队长王某发现提升吊篮的钢丝绳有断股,要求班长张某立即更换。次日,班长张某指派钟某更换钢丝绳,继续安排其他工人施工。钟某为追求进度,擅自决定先把7名工人送上6楼施工,再换钢丝绳。当吊篮接近4层时钢丝绳断裂,造成3人死亡。下列安全生产事故责任认定中,正确的有(   )。

A. 钟某是事故直接责任者
B. 王某负有事故的领导责任
C. 王某是事故直接责任者
D. 张某是事故直接责任者
E. 钟某负有事故的领导责任

【答案】AB。

【解析】施工队长王某负责工地的领导工作,造成事故应负事故的领导责任。钟某为追求进度,擅自的决定是造成事故的直接原因,所以钟某是事故的直接责任者。

3. 【2011年真题】根据《生产安全事故报告和调查处理条例》(国务院令第493号),从伤亡事故性质方面认定,生产安全事故可分为(   )。

A. 自然事故
B. 技术事故
C. 责任事故
D. 管理事故
E. 意外事故

【答案】AC。

【解析】通过事故调查分析,对事故的性质要有明确结论。其中对认定为自然事故(非责任事故或者不可抗拒的事故)的可不再认定或者追究事故责任人;对认定为责任事故的,要按照责任大小和承担责任的不同分别认定直接责任者、主要责任者、领导责任者。

4. 【2010年真题】生产经营单位发生生产安全事故后,单位和有关部门向上级报告事故情况时,除上报已经造成或者可能造成的人员伤亡人数,以及初步估计的直接经济损失等内容外,还应包括(   )。

A. 事故发生单位的概况
B. 事故的简要经过
C. 事故原因和整改计划
D. 事故责任和性质
E. 已采取的应急措施

【答案】ABCD。

【解析】事故调查报告正文应当包括下列内容:①事故发生单位概况;②事故发生经过和事故救援情况;③事故造成的人员伤亡和直接经济损失;④事故发生的原因和事故性质;⑤事故责任的认定以及对事故责任者的处理建议;⑥事故防范和整改措施。

5. 【2010年真题】生产安全事故处理必须坚持"四不放过"的原则。下列有关事故处理的说法中,属于"四不放过"原则要求的是(   )。

A. 事故原因不查清楚不放过
B. 事故防范措施不落实不放过
C. 事故相关人员未受到教育不放过
D. 事故责任者未受到处理不放过
E. 事故责任者未受到刑事处罚不放过

【答案】ABCD。

【解析】事故调查处理遵循"四不放过"的原则,即:事故原因不查清不放过,防范措施不落实不放过,职工群众未受到教育不放过,事故责任者未受到处理不放过。

第八章 安全生产统计分析

一、单项选择题

1. 【2013年真题】某煤矿企业1993~2012年接触煤尘的一线作业人员年均1000人,20年间共确诊尘肺病20例。其中,2012年对一线1000名作业人员进行在岗体检时,确诊新增尘肺病2例。该煤矿20年间接触煤尘的作业人员尘肺病发病率和2012年尘肺病发病率分别是(   )。

   A. 0.1%和0.2%   B. 0.1%和0.1%

   C. 2%和0.2%   D. 2%和0.1%

【答案】A。

【解析】发病(中毒)率表示在观察期内,可能发生某种疾病(或中毒)的一定人群中新发生该病(中毒)的频率。计算公式:某病发病率(中毒率)=同期内新发生例数/观察期内可能发生某病(中毒)的平均人口数×100%。

本题的计算步骤为:

该煤矿20年间接触煤尘的作业人员尘肺病发病率=[20人/(1000人×20)]×100%=0.1%。

2012年尘肺病发病率=(2人/1000人)×100%=0.2%。

2. 【2013年真题】某地下铁矿发生冒顶片帮事故,造成刘某和程某当场死亡,钻机损坏,停产15日。在事故救援过程中,参与救援的张某被铲运机碰撞,造成腰椎压缩骨折。该起事故造成的下列经济损失中,属于间接经济损失的是(   )。

   A. 钻机损坏   B. 张某的医疗费用

   C. 刘某和程某的抚恤费用   D. 补充新员工的培训费用

【答案】D。

【解析】本题考核的是事故的间接经济损失。间接经济损失指因事故导致产值减少、资源破坏和受事故影响而造成其他损失的价值。间接经济损失的统计范围包括:①停产、减产损失价值。②工作损失价值。③资源损失价值。④处理环境污染的费用。⑤补充新职工的培训费用。⑥其他损失费用。

3. 【2012年真题】事故统计指标通常分为绝对指标和相对指标。下列生产事故统计指标中,属于相对指标的是(   )。

   A. 死亡人数   B. 千人死亡率

   C. 损失工作日   D. 直接经济损失

【答案】B。

【解析】事故统计指标包括绝对指标和相对指标。绝对指标包括事故起数、死亡人数、重伤人数、轻伤人数、直接经济损失、损失工作日等。相对指标包括千人死亡率、千人重伤率、百万吨死亡率等。

4. 【2011年真题】某地区职业卫生监管机构统计某种职业病最近两年内在某行业中发生的

频率,该行业此职业病的发病率的计算公式为(　　　)。

A.(检查时发现的现患某病例总数/该时点受检人数)×100%

B.(观察期内新发生例数/同期内可能发生该类职业病的平均人口数)×100%

C.(观察期内因该病死亡人数/同期内某病患者数)×100%

D.(某年死亡总数/同年平均人口数)×100%

【答案】B。

【解析】发病(中毒)率表示在观察期内,可能发生某种疾病(或中毒)的一定人群中新发生该病(中毒)的频率。某病发病率(中毒率)=(同期内新发生例数/观察期内可能发生某病(中毒)的平均人口数)×100%。

二、多项选择题

1.【2011年真题】某企业为保持安全生产形势的持续稳定,对企业近二十年发生的各类伤亡事故进行统计分析,研究企业安全管理存在的问题,制定预防事故的安全生产措施。采取的统计分析基本步骤包括(　　　)。

A. 整理资料　　　　　　　　　　　　　B. 收集资料

C. 统计设计　　　　　　　　　　　　　D. 统计分析

E. 计量统计

【答案】ABCD。

【解析】完整的统计工作一般包括:设计、收集资料(现场调查)、整理资料、统计分析4个基本步骤。

2.【2010年真题】统计推断是统计工作的主要工作内容之一。下列有关统计推断方法和内容的说法中,正确的有(　　　)。

A. 统计推断是通过样本信息来推断总体特征

B. 参数估计和假设检验是统计推断的两个重要方面

C. 参数估计是通过样本推断总体特征

D. 假设检验是用来检验参数估计的准确程度

E. 假设检验常用来判断样本与样本、样本与总体差异的引发原因

【答案】ABE。

【解析】通过样本信息来推断总体特征就叫统计推断。参数估计和假设检验是统计推断的两个重要方面。参数估计就是通过样本估计总体特征。假设检验是用来判断样本与样本,样本与总体的差异,是由抽样误差引起还是本质差别造成的统计推断方法。

第三部分　重点考点分类归纳

一、本书涉及"概念"的考点(表1)

表1　本书涉及"概念"的考点

项　目	内　容
安全生产	一般意义上讲,是指在社会生产活动中,通过人、机、物料、环境的和谐运作,使生产过程中潜在的各种事故风险和伤害因素始终处于有效控制状态,切实保护劳动者的生命安全和身体健康
安全生产管理	所谓安全生产管理,就是针对人们在生产过程中的安全问题,运用有效的资源,发挥人们的智慧,通过人们的努力,进行有关决策、计划、组织和控制等活动,实现生产过程中人与机器设备、物料、环境的和谐,达到安全生产的目标
特别重大事故	指造成30人以上死亡,或者100人以上重伤(包括急性工业中毒,下同),或者1亿元以上直接经济损失的事故
重大事故	指造成10人以上30人以下死亡,或者50人以上100人以下重伤,或者5000万元以上1亿元以下直接经济损失的事故
较大事故	指造成3人以上10人以下死亡,或者10人以上50人以下重伤,或者1000万元以上5000万元以下直接经济损失的事故
一般事故	指造成3人以下死亡,或者10人以下重伤,或者1000万元以下直接经济损失的事故
危险	指系统中存在导致发生不期望后果的可能性超过了人们的承受程度
系统安全	指在系统寿命周期内应用系统安全管理及系统安全工程原理,识别危险源并使其危险性减至最小,从而使系统在规定的性能、时间和成本范围内达到最佳的安全程度
职业病	指企业、事业和个体经济组织的劳动者在职业活动中,因接触粉尘、放射性物质和其他有毒、有害物质或有害因素等而引起的疾病
职业性病损	劳动者职业活动过程中接触到职业危害因素而造成的健康损害,统称职业性病损
演练评估	是指观察和记录演练活动、比较演练人员表现与演练目标要求并提出演练发现问题的过程
变量值	研究者对每个观察单位的某项特征进行观察和测量,这种特征称为变量,变量的测得值叫变量值(也叫观察值)
变异	变异是指同质事物个体间的差异
随机抽样	指按随机的原则从总体中获取样本的方法,以避免研究者有意或无意地选择样本而带来偏性
统计表	是将要统计分析的事物或指标以表格的形式列出来,以代替繁琐文字描述的一种表现形式

二、本书涉及"分类"的考点(表2)

表2　本书涉及"分类"的考点

项　目	内　容
事故的分类	《企业职工伤亡事故分类标准》(GB 6441—1986),综合考虑起因物、引起事故的诱导性原因、致害物、伤害方式等,将企业工伤事故分为20类,分别为物体打击、车辆伤害、机械伤害、起重伤害、触电、淹溺、灼烫、火灾、高处坠落、坍塌、冒顶片帮、透水、放炮、火药爆炸、瓦斯爆炸、锅炉爆炸、容器爆炸、其他爆炸、中毒和窒息及其他伤害等

项　目	内　容
危险货物的分类	划分为爆炸品、易燃气体、毒性气体、易燃液体、易于自燃的物质、遇水放出易燃气体的物质，氧化性物质、有机过氧化物、毒性物质6大类9小类
伤害的分类	(1)第一类伤害是由于施加了局部或全身性损伤阈值的能量引起的 (2)第二类伤害是由影响了局部或全身性能量交换引起的，主要指中毒窒息和冻伤
安全生产检查的分类	定期安全生产检查、经常性安全生产检查、季节性及节假日前后安全生产检查、专业(项)安全生产检查、综合性安全生产检查、职工代表不定期对安全生产的巡查
事故隐患的分类	分为一般事故隐患和重大事故隐患
劳动防护用品的分类	(1)按防护性能分类，劳动防护用品分为特种劳动防护用品和一般劳动防护用品两大类 (2)按劳动防护用品防护部位分类，劳动防护用品分为头部防护用品、呼吸器官防护用品、眼(面)部防护用品、听觉器官防护用品、手部防护用品、足部防护用品、躯干防护用品、护肤用品 (3)按劳动防护用品用途分类 1)按防止伤亡事故的用途可分为：防坠落用品，防冲击用品，防触电用品，防机械外伤用品，防酸碱用品，耐油用品，防水用品，防寒用品 2)按预防职业病的用途可分为：防尘用品，防毒用品，防噪声用品，防振动用品，防辐射用品，防高低温用品等
安全评价的分类	安全评价按照实施阶段不同分为三类：安全预评价、安全验收评价、安全现状评价
安全评价方法的分类	(1)按照安全评价结果的量化程度，安全评价方法可分为定性安全评价方法和定量安全评价方法 (2)按照安全评价给出的定量结果的类别不同，定量安全评价方法还可以分为概率风险评价法、伤害(或破坏)范围评价法和危险指数评价法 (3)按照安全评价的逻辑推理过程，安全评价方法可分为归纳推理评价法和演绎推理评价法 (4)按照安全评价要达到的目的，安全评价方法可分为事故致因因素安全评价方法、危险性分级安全评价方法和事故后果安全评价方法 (5)按照评价对象的不同，安全评价方法可分为设备(设施或工艺)故障率评价法、人员失误率评价法、物质系数评价法、系统危险性评价法等
统计资料的分类	计量资料、计数资料、等级资料
职业性有害因素的分类	(1)按来源分类：①生产过程中产生的有害因素；②劳动过程中的有害因素；③生产环境中的有害因素 (2)按有关规定分类：2002年卫生部颁布的《职业病目录》将职业危害因素分为十大类：①粉尘类(13种)；②放射性物质类(电离辐射)；③化学物质类(56种)；④物理因素(4种)；⑤生物因素(3种)；⑥导致职业性皮肤病的危害因素(8种)；⑦导致职业性眼病的危害因素(3种)；⑧导致职业性耳鼻喉口腔疾病的危害因素(3种)；⑨导致职业性肿瘤的职业危害因素(8种)；⑩其他职业危害因素(5种)
生产性粉尘的分类	生产性粉尘根据其性质可分为三类：无机性粉尘、有机性粉尘、混合性粉尘
应急演练的分类	(1)按照组织方式及目标重点的不同，可以分为桌面演练和实战等 (2)按其内容，可以分为单项演练和综合演练两类 (3)按其目的与作用，可以分为检验性演练、示范性演练和研究性演练

三、本书涉及"方法"的考点（表3）

表3　本书涉及"方法"的考点

项　　目	内　　容
安全生产检查的方法	常规检查、安全检查表法、仪器检查及数据分析法
危险、有害因素辨识的方法	直观经验分析方法、系统安全分析方法
危险指数评价的方法	道化学公司火灾、爆炸危险指数评价法；蒙德火灾、爆炸、毒性指数评价法；易燃、易爆、有毒重大危险源评价法
建设项目职业危害预评价的方法	检查表法、类比法、定量法
信息辨伪的方法	(1)进行多种信息来源的比较印证，如果相互之间存在矛盾，则必定信息来源有误 (2)分析信息传输过程，以弄清信息所反映的时间点，并分析传输中可能出现的失误 (3)进行事理分析，如果信息与事理明显相悖，信息来源有误 (4)反证性分析 (5)不利性反证
收集资料的方法	统计报表、日常性工作、专题调查
职业卫生调查的方法	普查、抽样调查、典型调查
常用的抽样方法	单纯随机抽样、系统抽样、整群抽样、分层抽样
计数资料的统计分析的方法	相对数计算、二项分布、x_2检验
伤亡事故统计的方法	综合分析法、分组分析法、算数平均法、相对指标比较法、统计图表法、排列图、控制图

四、本书涉及"原则"的考点
1. 运用系统原理的原则（表4）

表4　运用系统原理的原则

原　　则	内　　容
动态相关性原则	动态相关性原则告诉我们，构成管理系统的各要素是运动和发展的，它们相互联系又相互制约。显然，如果管理系统的各要素都处于静止状态，就不会发生事故
整分合原则	高效的现代安全生产管理必须在整体规划下明确分工，在分工基础上有效综合，这就是整分合原则。运用该原则，要求企业管理者在制定整体目标和进行宏观决策时，必须将安全生产纳入其中，在考虑资金、人员和体系时，都必须将安全生产作为一项重要内容考虑
反馈原则	反馈是控制过程中对控制机构的反作用。成功、高效的管理，离不开灵活、准确、快速的反馈。企业生产的内部条件和外部环境在不断变化，所以必须及时捕获、反馈各种安全生产信息，以便及时采取行动
封闭原则	在任何一个管理系统内部，管理手段、管理过程等必须构成一个连续封闭的回路，才能形成有效的管理活动，这就是封闭原则。封闭原则告诉我们，在企业安全生产中，各管理机构之间、各种管理制度和方法之间，必须具有紧密的联系，形成相互制约的回路，才能有效

2. 运用人本原理的原则(表5)

表5　运用人本原理的原则

原　　则	内　　容
动力原则	推动管理活动的基本力量是人,管理必须有能够激发人的工作能力的动力,这就是动力原则。对于管理系统,有三种动力,即物质动力、精神动力和信息动力
能级原则	在管理系统中,建立一套合理能级,根据单位和个人能量的大小安排其工作,发挥不同能级的能量,保证结构的稳定性和管理的有效性,这就是能级原则
激励原则	管理中的激励就是利用某种外部诱因的刺激,调动人的积极性和创造性。以科学的手段,激发人的内在潜力,使其充分发挥积极性、主动性和创造性,这就是激励原则。人的工作动力来源于内在动力、外部压力和工作吸引力
行为原则	需要与动机是人的行为的基础,人类的行为规律是需要决定动机,动机产生行为,行为指向目标,目标完成需要得到满足,于是又产生新的需要、动机、行为,以实现新的目标。安全生产工作重点是防治人的不安全行为

3. 运用预防原理的原则(表6)

表6　运用预防原理的原则

原　　则	内　　容
偶然损失原则	事故后果以及后果的严重程度,都是随机的、难以预测的。反复发生的同类事故,并不一定产生完全相同的后果,这就是事故损失的偶然性。偶然损失原则告诉我们,无论事故损失的大小,都必须做好预防工作
因果关系原则	事故的发生是许多因素互为因果连续发生的最终结果,只要诱发事故的因素存在,发生事故是必然的,只是时间或迟或早而已,这就是因果关系原则
3E原则	造成人的不安全行为和物的不安全状态的原因可归结为4个方面:技术原因、教育原因、身体和态度原因以及管理原因。针对这4方面的原因,可以采取3种防止对策,即工程技术(Engineering)对策、教育(Education)对策和法制(Enforcement)对策,即所谓3E原则
本质安全化原则	本质安全化原则是指从一开始和从本质上实现安全化,从根本上消除事故发生的可能性,从而达到预防事故发生的目的。本质安全化原则不仅可以应用于设备、设施,还可以应用于建设项目

4. 运用强制原理的原则(表7)

表7　运用强制原理的原则

原　　则	内　　容
安全第一原则	安全第一就是要求在进行生产和其他工作时把安全工作放在一切工作的首要位置。当生产和其他工作与安全发生矛盾时,要以安全为主,生产和其他工作要服从于安全,这就是安全第一原则
监督原则	监督原则是指在安全工作中,为了使安全生产法律法规得到落实,必须明确安全生产监督职责,对企业生产中的守法和执法情况进行监督

5. 编制安全技术措施计划的基本原则(表8)

表8　编制安全技术措施计划的基本原则

原　　则	内　　容
必要性和可行性原则	编制计划时,一方面要考虑安全生产的实际需要,另一方面,还要考虑技术可行性与经济承受能力
自力更生与勤俭节约的原则	编制计划时,要注意充分利用现有的设备和设施,挖掘潜力,讲求实效
轻重缓急与统筹安排的原则	对影响最大、危险性最大的项目应优先考虑,逐步有计划地解决
领导和群众相结合的原则	加强领导,依靠群众,使计划切实可行,以便顺利实施

6. 建立安全生产预警机制的原则(表9)

表9　建立安全生产预警机制的原则

原　　则	内　　容
及时性原则	实行预警的出发点是"居安思危",即事故还在孕育和萌芽的时期,就能够通过细致的观察和研究,防微杜渐,提早做好各种防范的准备。预警系统只有及时地监测出异常情况,并将它及时地报告,才能及时采取有效措施,最大限度减少经济损失和人员伤亡
全面性原则	预警就是要对生产活动的各个领域全面监测,及时发现各个领域的异常情况,进行安全风险分析,尽最大努力保证生命、财产的安全,这是建立预警机制的宗旨。全面性原则主要体现在监测、识别、判断、评价和对策等方面
高效性原则	鉴于事故的不确定性和突发性,预警机制必须以高效率为重要原则。唯有如此,才能对各种事故进行准确预告,并制订合理的应急救援措施
引导性原则	预警正是在某种灾害、突发公共事件降临之前,提醒或引导人们应该怎么做或应该采取什么态度去应付和处理,这样既减少了因盲从、跟风带来的被动和生命和财产的损失,又是尊重公民基本权利的体现

7. 建立预警评价指标的原则(表10)

表10　建立预警评价指标的原则

原　　则	内　　容
灵敏性	指标能准确敏感地反映危险源的真实状态
科学性	指标的选择、指标权重的确定、数据的选取、计算必须以公认的科学理论为依据,确保指标既能满足全面性和相关性要求,又能避免之间的相互重叠
动态性	事故发生过程本身就是一个动态过程,因而要求评价指标应具有动态性,综合反映事故发展的趋势
可操作性	尽量利用现有统计资料及有关企业、行业的安全规范和标准
引导性	评价指标要体现所在行业总体战略目标,以规范和引导企业未来发展的行为和方向
预见性	预警指标应选定能反映现状和预示未来的指标

五、本书涉及"步骤"的考点

1. 安全文化建设的操作步骤(表11)

表11　安全文化建设的操作步骤

步　骤	内　容
建立机构	领导机构可以定为"安全文化建设委员会",必须由生产经营单位主要负责人亲自担任委员会主任,同时要确定一名生产经营单位高层领导人担任委员会的常务副主任 其他高层领导可以任副主任,有关管理部门负责人任委员。其下还必须建立一个安全文化办公室,办公室可以由生产(经营)、宣传、党群、团委、安全管理等部门的人员组成,负责日常工作
制定规划	(1)对本单位的安全生产观念、状态进行初始评估 (2)对本单位的安全文化理念进行定格设计 (3)制订出科学的时间表及推进计划
培训骨干	培养骨干是推动企业安全文化建设不断更新、发展,非做不可的事情。训练内容可包括理论、事例、经验和本企业应该如何实施的方法等
宣传教育	宣传、教育、激励、感化是传播安全文化,促进精神文明的重要手段。规章制度那些刚性的东西固然必要,但安全文化这种柔的东西往往能起到制度和纪律起不到的作用
努力实践	安全文化建设是安全管理中高层次的工作,是实现零事故目标的必由之路,是超越传统安全管理来解决安全生产问题的根本途径

2. 故障类型和影响分析(FMEA)的分析步骤(表12)

表12　故障类型和影响分析(FMEA)的分析步骤

步　骤	内　容
确定分析对象系统	根据分析详细程度的需要,查明组成系统的元素(子系统或单元)及其功能
分析元素故障类型和产生原因	由熟悉情况、有丰富经验的人员依据经验和有关的故障资料分析、讨论可能产生的故障类型和原因
研究故障类型的影响	研究、分析元素故障对相邻元素、邻近系统和整个系统的影响
填写故障类型和影响分析表格	将分析的结果填入预先准备好的表格,可以简洁明了地显示全部分析内容

3. 事件树分析步骤(表13)

表13　事件树分析步骤

步　骤	内　容
确定初始事件	初始事件可以是系统或设备的故障、人员的失误或工艺参数偏移等可能导致事故发生的事件 初始事件一般依靠分析人员的经验和有关运行、故障、事故统计资料来确定
判定安全功能	系统中包含许多能消除、预防、减弱初始事件影响的安全功能(安全装置、操作人员的操作等) 常见的安全功能有自动控制装置、报警系统、安全装置、屏蔽装置和操作人员采取措施等
发展事件树和简化事件树	从初始事件开始,自左至右发展事件树。首先把事件一旦发生时起作用的安全功能状态画在上面的分支,不能发挥安全功能的状态画在下面的分支。然后依次考虑每种安全功能分支的两种状态,层层分解直至系统发生事故或故障为止 简化事件树是在发展事件树的过程中,将与初始事件、事故无关的安全功能和安全功能不协调、矛盾的情况省略、删除,达到简化分析的目的

步　骤	内　容
分析事件树	事件树各分支代表初始事件一旦发生后其可能的发展途径,其中导致系统事故的途径即为事故连锁

4. 应急预案的编制步骤(表14)

表14　应急预案的编制步骤

步　骤	内　容
成立工作组	结合本单位部门职能分工,成立以单位主要负责人为领导的应急预案编制工作组,明确编制任务、职责分工、制订工作计划
资料收集	收集应急预案编制所需的各种资料(相关法律法规、应急预案、技术标准、国内外同行业事故案例分析、本单位技术资料等)
危险源与风险分析	在危险因素分析及事故隐患排查、治理的基础上,确定本单位的危险源、可能发生事故的类型和后果,进行事故风险分析并指出事故可能产生的次生衍生事故,形成分析报告,分析结果作为应急预案的编制依据
应急能力评估	对本单位应急装备、应急队伍等应急能力进行评估,并结合本单位实际,加强应急能力建设
应急预案编制	针对可能发生的事故,按照有关规定和要求编制应急预案。应急预案编制过程中,应注重全体人员的参与和培训,使所有与事故有关人员均掌握危险源的危险性、应急处置方案和技能。应急预案应充分利用社会应急资源,与地方政府预案、上级主管单位以及相关部门的预案相衔接
应急预案的评审与发布	评审由本单位主要负责人组织有关部门和人员进行。外部评审由上级主管部门或地方政府负责安全管理的部门组织审查。评审后,按规定报有关部门备案,并经生产经营单位主要负责人签署发布

5. 统计工作的基本步骤(表15)

表15　统计工作的基本步骤

步　骤	内　容
设计	制订统计计划,对整个统计过程进行安排
收集资料(现场调查)	根据计划取得可靠、完整的资料,同时要注重资料的真实性
整理资料	原始资料的整理、清理、核实、查对,使其条理化、系统化,便于计算和分析。可借助于计算机软件进行(常用软件有 Excel、EPI、Epidata 等)核对整理
统计分析	运用统计学的基本原理和方法,分析计算有关的指标和数据,揭示事物内部的规律(常用软件包括:Excel、SPSS、SAS 等)

6. 事故统计的步骤(表16)

表16　事故统计的步骤

步　骤	内　容
资料搜集	资料搜集又称统计调查,是根据统计分析的目的,对大量零星的原始材料进行技术分组。它是整个事故统计工作的前提和基础。资料搜集是根据事故统计的目的和任务,制订调查方案,确定调查对象和单位,拟定调查项目和表格,并按照事故统计工作的性质,选定方法。我国伤亡事故统计是一项经常性的统计工作,采用报告法,下级按照国家制定的报表制度,逐级将伤亡事故报表上报

步　骤	内　容
资料整理	资料整理又称统计汇总,是将搜集的事故资料进行审核、汇总,并根据事故统计的目的和要求计算有关数值。汇总的关键是统计分组,就是按一定的统计标志,将分组研究的对象划分为性质相同的组。如按事故类别、事故原因等分组,然后按组进行统计计算
综合分析	综合分析是将汇总整理的资料及有关数值,填入统计表或绘制统计图,使大量的零星资料系统化、条理化、科学化,是统计工作的结果

六、本书涉及"要求"的考点(表17)

表17　本书涉及"要求"的考点

项　目	内　容
企业安全管理的要求	(1)要健全完善严格的安全生产规章制度,对生产现场监督检查,严格查处违章指挥、违规作业、违反劳动纪律的"三违"行为 (2)及时排查治理安全隐患。企业要经常性开展安全隐患排查,并切实做到整改措施、责任、资金、时限和预案"五到位" (3)强化生产过程管理的领导责任 (4)强化职工安全培训 (5)全面开展安全达标
生产经营单位承包工程的安全管理要求	(1)要根据自身的安全资质和能力,承包相应的工程 (2)根据工程需要完善安全管理规章制度,不出现责任和管理制度执行的真空 (3)双方的安全管理责任要界定清晰 (4)要认真做好施工现场安全措施的核实和确认 (5)针对项目施工的环境、安全管理要求,组织对施工人员开展有针对性的安全教育培训 (6)在危险性较大或与正在生产运行设备、区域有交叉的施工,设置专职的安全监护人员,防止发生意外
安全预评价报告的要求	安全预评价报告应全面、概括地反映安全预评价过程的全部工作,文字应简洁、准确,提出的资料清楚可靠,论点明确,利于阅读和审查
安全验收评价报告的要求	安全验收评价报告是安全验收评价工作过程形成的成果。安全验收评价报告应全面、概括地反映验收评价的全部工作,文字简洁、精确,可同时采用图表和照片,以使评价过程和结论清楚、明确,利于阅读和审查。符合性评价的数据、资料和可预测性计算过程等可编入附录
安全现状评价报告要求	安全现状评价报告要求比安全预评价报告更详尽、更具体,特别是对危险分析要全面、具体,因此整个评价报告的编制,要由懂工艺和操作的专家参与完成
对安全评价师管理要求	(1)安全评价师需按有关规定参加安全评价师继续教育,保持资格 (2)取得安全评价师职业资格证书的人员,在履行从业登记、取得从业登记编号后,方可从事安全评价工作。安全评价师应在所登记的安全评价机构从事安全评价工作 (3)安全评价师不得在两个或两个以上机构从事安全评价
统计图表的编制要求	(1)标题:位置在表格的最上方,应包括时间、地点和要表达的主要内容 (2)标目:标目所表达的性质相当于"变量名称",要有单位 (3)线条:不宜过多,一般三根横线条,不用竖线条 (4)数字:小数点要上下对齐,缺失时用"—"代替 (5)备注:表中用"*"标出,再在表的下方注出

七、本书涉及"制度"的考点

1. 人员安全管理制度(表18)

表18　人员安全管理制度

制　　度	内　　容
安全教育培训制度	应明确:生产经营单位各级管理人员安全管理知识培训、新员工三级教育培训、转岗培训;新材料、新工艺、新设备的使用培训;特种作业人员培训;岗位安全操作规程培训;应急培训等。还应明确各项培训的对象、内容、时间及考核标准等
劳动防护用品发放、使用和管理制度	应明确:生产经营单位劳动防护用品的种类、适用范围、领取程序、使用前检查标准和用品寿命周期等内容
安全工(器)具的使用管理制度	应明确:生产经营单位安全工(器)具的种类、使用前检查标准、定期检验和器具寿命周期等内容
特种作业及特殊危险作业管理制度	应明确:生产经营单位特种作业的岗位、人员、作业的一般安全措施要求等。特殊危险作业是指危险性较大的作业,应明确作业的组织程序,保障安全的组织措施、技术措施的制定及执行等内容
岗位安全规范	应明确:生产经营单位除特种作业岗位外,其他作业岗位保障人身安全、健康、预防火灾、爆炸等事故的一般安全要求
职业健康检查制度	应明确:生产经营单位职业禁忌的岗位名称、职业禁忌证、定期健康检查的内容和标准、女工保护,以及按照《职业病防治法》要求的相关内容等
现场作业安全管理制度	应明确:现场作业的组织管理制度,如工作联系单、工作票、操作票制度,以及作业现场的风险分析与控制制度、反违章管理制度等内容

2. 设备设施安全管理制度(表19)

表19　设备设施安全管理制度

制　　度	内　　容
"三同时"制度	应明确:生产经营单位新建、改建、扩建工程"三同时"的组织审查、验收、上报、备案的执行程序等
定期巡视检查制度	应明确:生产经营单位日常检查的责任人员,检查的周期、标准、线路,发现问题的处置等内容
定期维护检修制度	应明确:生产经营单位所有设备、设施的维护周期、维护范围、维护标准等内容
定期检测、检验制度	应明确:生产经营单位须进行定期检测的设备种类、名称、数量;有权进行检测的部门或人员;检测的标准及检测结果管理;安全使用证、检验合格证或者安全标志的管理等
安全操作规程	应明确:为保证国家、企业、员工的生命财产安全,根据物料性质、工艺流程、设备使用要求而制定的符合安全生产法律法规的操作程序

3. 环境安全管理制度(表20)

表20　环境安全管理制度

制　　度	内　　容
安全标志管理制度	应明确:生产经营单位现场安全标志的种类、名称、数量、地点和位置;安全标志的定期检查、维护等

制　度	内　容
作业环境管理制度	应明确：生产经营单位生产经营场所的通道、照明、通风等管理标准；人员紧急疏散方向、标志的管理等
职业卫生管理制度	应明确：生产经营单位尘、毒、噪声、高低温、辐射等涉及职业健康有害因素的种类、场所；定期检查、检测及控制等管理内容

八、本书涉及"功能"的考点（表21）

表21　本书涉及"功能"的考点

项　目	内　容
企业安全文化的功能	导向功能、凝聚功能、激励功能、辐射和同化功能
预警分析系统完成的主要功能	通过各种监测手段获得有关信息和运行数据，并对数据进行加工、处理、分析，运用适当的评价方法，对未来的趋势做出初步判断，当判断结果满足预警准则要求时，就触动报警系统，报警系统根据事先设定的报警级别发出事故报警
监测系统	完成实时信息采集，并将采集信息存入计算机，供预警信息系统分析使用
预警信息网	进行信息搜集、统计与传输
预警中央信息处理系统	储存和处理从信息网传入的各种信息，然后进行综合、甄别和简化
预警信息推断系统	对缺乏的信息进行判断，并进行事故征兆的推断

九、本书涉及"特征"的考点（表22）

表22　本书涉及"特征"的考点

项　目	内　容
管理系统	管理系统具有6个特征，即集合性、相关性、目的性、整体性、层次性和适应性
监督管理	（1）权威性。国家对安全生产监督管理的权威性首先源于法律的授权。法律是由国家的最高权力机关全国人民代表大会制定和认可的，体现的是国家意志。《安全生产法》《矿山安全法》等有关法律对安全生产监督管理都有明确的规定 （2）强制性。国家的法律都必然要求由国家强制力来保证其实施。各级人民政府安全生产监督管理部门和其他有关部门对安全生产工作实施的监督管理，由于是依法行使的监督管理权，它就是以国家强制力作为后盾的 （3）普遍约束性。在中华人民共和国领域内从事生产经营活动的单位，凡有关涉及安全生产方面的工作，都必须接受统一的监督管理，履行《安全生产法》等有关法律所规定的职责
安全生产预警	（1）快速性。即建立的安全生产预警系统能够灵敏快速地进行信息搜集、传递、处理、识别和发布，这一系统的任何一个环节都必须建立在"快速"的基础上，失去了快速性，预警就失去了意义 （2）准确性。安全生产过程中的信息复杂多变，预警不仅要求快速搜集和处理信息，更重要的是要对复杂多变的信息做出准确地判断 （3）公开性。即发现事故征兆，这一信息一经确认，就必须客观、如实地向企业和社会公开发布预警信息 （4）完备性。预警系统应能全面收集与事故相关的各类信息，进行安全生产的风险分析，据此从不同角度、不同层面全过程地分析事故征兆的发展态势 （5）连贯性。要想使预警分析不致因孤立、片面而得出错误的结论，每一次的安全生产风险分析应以上次的风险分析为基础，实现预警预报的闭环，紧密衔接，才能确保预警分析的连贯和准确

第四部分 预测试卷

预测试卷(一)

一、单项选择题(共70题,每题1分。每题的备选项中,只有1个最符合题意)

1. 安全生产管理的基本对象是( )。
   A. 设备设施
   B. 物料
   C. 财务
   D. 企业的员工

2. 造成30人以上死亡的事故属于( )。
   A. 特别重大事故
   B. 重大事故
   C. 较大事故
   D. 一般事故

3. 下列对安全生产政策措施,叙述错误的是( )。
   A. 制订安全生产发展规划,建立和完善安全生产指标及控制体系
   B. 建立安全生产激励约束机制
   C. 建立起较为完善的安全监管体系
   D. 倡导安全文化,加强社会监督

4. 根据( ),可以利用各种屏蔽来防止意外的能量转移,从而防止事故的发生。
   A. 能量意外释放论
   B. 海因里希因果连锁理论
   C. 事故频发倾向理论
   D. 系统安全理论

5. 安全生产责任制的核心是( )。
   A. 安全发展
   B. 清晰安全管理的责任界面
   C. 安全第一,预防为主
   D. 危险、有害因素的辨识和控制

6. 具有的能量越多,发生事故后果越严重的是( )。
   A. 第一类危险源
   B. 第二类危险源
   C. 第三类危险源
   D. 第四类危险源

7. 现代管理学的一个最基本的原理是( )。
   A. 安全原理
   B. 生产原理
   C. 系统原理
   D. 整体原则

8. 安全评价是安全管理的基础和依据,是一项十分复杂的( )工作。
   A. 管理性
   B. 技术性
   C. 操作性
   D. 综合性

9. 下列不属于安全生产管理机构和安全生产管理人员作用的是( )。
   A. 落实国家有关安全生产的法律法规
   B. 组织生产经营单位内部各种安全检查活动

C. 负责日常安全监督,及时整改各种事故隐患

D. 监督安全生产责任制的落实

10. 生产经营单位违规提取和使用安全费用的,政府( )应当会同财政部门责令其限期改正,予以警告。

　　A. 公安部门　　　　　　　　　　　　　B. 质量技术监督部门

　　C. 安全生产监督管理部门　　　　　　　D. 工商行政管理部门

11. 有关风险抵押金使用规定的表述,说法正确的是( )。

　　A. 企业发生生产安全事故后产生的抢险、救灾及善后处理费用,全部由企业负担

　　B. 费用支出超过安全生产风险抵押金的,其超出部分由费用使用者负担

　　C. 企业不可以到代理银行专户存储

　　D. 部门和银行可以在企业间进行调剂使用

12. 单位主要负责人根据( )的审批意见,召集有关部门和下属单位负责人审查、核定安全技术措施计划。

　　A. 班组长　　　　　　　　　　　　　　B. 总工程师

　　C. 项目技术负责人　　　　　　　　　　D. 项目经理

13. 对挂牌督办并采取全部或者局部停产停业治理的重大事故隐患,安全监管监察部门收到生产经营单位恢复生产的申请报告后,应当在( )日内进行现场审查。

　　A. 10　　　　　　　　　　　　　　　　B. 15

　　C. 20　　　　　　　　　　　　　　　　D. 30

14. 生产经营单位安全生产的重要保障是( )。

　　A. 安全生产管理　　　　　　　　　　　B. 建立安全生产体系

　　C. 建立健全安全生产规章制度　　　　　D. 安全生产责任制

15. 系统原理的( )告诉我们,构成管理系统的各要素是运动和发展的,它们既相互联系又相互制约。

　　A. 动态相关性原则　　　　　　　　　　B. 整分合原则

　　C. 反馈原则　　　　　　　　　　　　　D. 封闭原则

16. 采用安全阀、逸出阀控制高压气体属于防止能量意外释放的屏蔽措施中的( )。

　　A. 防止能量蓄积　　　　　　　　　　　B. 控制能量释放

　　C. 延缓释放能量　　　　　　　　　　　D. 设置屏蔽设施

17. 焊接护目镜、焊接面罩、防冲击护眼具的规格是( )。

　　A. 18mm(包括编号)×12mm　　　　　　B. 12mm(包括编号)×18mm

　　C. 27mm(包括编号)×18mm　　　　　　D. 69mm(包括编号)×46mm

18. 为了加强国家对整个安全生产工作的领导,加强综合监管与行业监管之间的协调配合,国务院成立了( )。

　　A. 国务院安全生产委员会办公室　　　　B. 安全生产委员会

　　C. 国家安全生产监督管理总局　　　　　D. 国家监察机制

19. 针对某些危险性较高的特殊领域,国家为了加强安全生产监督管理工作,专门建立了( )。

　　A. 国家监察机制　　　　　　　　　　　B. 国务院安全生产委员会办公室

C. 安全生产委员会   D. 国家安全生产监督管理总局

20. 企业当年若发生生产安全事故,动用风险抵押金的,应当在核定通知送达后( )个月内,按照规定标准将风险抵押金补齐存储差额。

    A. 1   B. 3

    C. 6   D. 12

21. 改善生产经营单位生产条件,有效防止事故和职业病的重要保证是( )。

    A. 隐患排查措施   B. 安全协议的签订

    C. 安全技术措施计划   D. 危险源的辨识方法

22. 9 万 t 以上至 15 万 t(含 15 万 t)的煤矿企业的风险抵押金的存储标准为( )。

    A. 50 万元 ~100 万元   B. 100 万元 ~150 万元

    C. 150 万元 ~200 万元   D. 250 万元 ~300 万元

23. 事故严重度用事故后果的( )表示。

    A. 经济损失   B. 人员伤亡

    C. 停工损失   D. 物资损失

24. 安全评价管理中,安全评价机构条件核查不包括( )。

    A. 材料核查   B. 现场核查

    C. 许可审查   D. 会审

25. 安全评价工作过程形成的成果是( )。

    A. 安全预评价报告   B. 安全评价报告

    C. 安全现状评价报告   D. 安全验收评价报告

26. 安全预评价报告的要求为( )。

    A. 是安全评价工作过程形成的成果

    B. 载体一般采用文本形式,为适应信息处理、交流和资料存档的需要,报告可采用多媒体电子载体

    C. 列出有关的法律法规、标准、行政规章、规范、评价对象被批准设立的相关文件及其他有关参考资料

    D. 安全预评价报告应全面、概括地反映安全预评价过程的全部工作,文字应简洁、准确,提出的资料清楚可靠,论点明确,利于阅读和审查

27. 对安全操作规程类规章制度,除每年进行审查和修订外,( )应进行一次全面修订,并重新发布,确保规章制度的建设和管理有序进行。

    A. 每 1 ~3 年   B. 每 2 ~4 年

    C. 每 3 ~5 年   D. 每 4 ~6 年

28. 交通运输、建筑施工、危险化学品、烟花爆竹等行业或领域从事生产经营活动的企业风险抵押金存储标准,中型企业不低于人民币( )万元。

    A. 30   B. 100

    C. 150   D. 200

29. 事故预警管理系统同企业内部其他职能系统的关系由( )方式所规定。

    A. "组织设计"   B. "组织运行"

    C. "日常监控"   D. "组织准备"

30. 在预控对策中,( )环节所确立的运行方式与对策库,既是预控活动各环节所共享的,也是整个预警系统所共享的。
    A. 日常监控
    B. 组织准备
    C. 事故管理
    D. 体系建立

31. 防止重大工业事故发生的第一步是( )。
    A. 辨识或确认高危险性的工业设施(危险源)
    B. 制订出危险物质标准
    C. 制订出临界量标准
    D. 确定可能发生事故的潜在危险源

32. 安全生产规章制度的建设,其核心是( )。
    A. 安全生产法律法规的建设
    B. 危险有害因素的辨识和控制
    C. 国家和行业标准的规定
    D. 地方政府的法规和标准依据

33. 矿山、建筑施工单位和危险物品的生产、经营、储存单位,以及从业人员超过( )人的其他生产经营单位,必须配备专职的安全生产管理人员。
    A. 150
    B. 200
    C. 300
    D. 350

34. 用来决定在不同预警级别情况下,是否应当发出警报以及发出何种程度警报的是( )。
    A. 预警准则
    B. 因素准则
    C. 指标准则
    D. 综合准则

35. 安全预警部的中心任务是( )。
    A. 建设、维护企业的预警管理系统
    B. 保证企业的生产经营在安全的轨道上运行
    C. 确定预警系统的组织构成、职能分配及运行方式
    D. 为事故状态时的管理提供组织训练与对策准备

36. 预控对策工作的前奏是( )。
    A. 组织准备
    B. 日常监控
    C. 事故管理
    D. 预警分析

37. 在应急系统中起着关键作用的是( )。
    A. 事故应急指挥
    B. 应急预案的基本结构
    C. 事故应急预案
    D. 应急预案的编制程序

38. 针对临时活动中可能出现的紧急情况,预先对相关应急机构的职责、任务和预防性措施作出安排的应急预案是( )。
    A. 综合预案
    B. 单项预案
    C. 专项预案
    D. 基本预案

39. 防止与救援无关人员进入事故现场,保障救援队伍、物资运输和人群疏散等的交通畅通,并避免发生不必要的伤亡是( )的目的。
    A. 警戒与治安
    B. 警报和紧急公告
    C. 人群疏散与安置
    D. 事态监测与评估

40. 预警评价指标的构建遵循的( )原则,即指标能准确敏感地反映危险源的真实状态。
    A. 动态性
    B. 灵敏性
    C. 引导性
    D. 可操作性

41. 危险分析的最终目的是(　　)。

　　A. 以明确的方针和原则作为指导应急救援工作的纲领

　　B. 在紧急情况或事故灾害发生时保护生命、财产和环境安全

　　C. 要明确应急的对象(可能存在的重大事故)，事故的性质及其影响范围、后果严重程度等，为应急准备、应急响应和减灾措施提供决策和指导依据

　　D. 对所针对的潜在事故类型有一个全面系统的认识和评价，识别出重要的潜在事故类型、性质、区域、分布及事故后果，同时，根据危险分析的结果，分析应急救援的应急力量和可用资源情况，并提出建设性意见

42. 针对危险分析所确定的主要危险，明确应急救援所需的资源，列出可用的应急力量和资源，不包括在内的是(　　)。

　　A. 各种重要应急设备、物资的准备情况

　　B. 应急策划时，应列出国家、省、地方涉及应急的各部门的职责要求以及应急预案、应急准备和应急救援的法律法规文件，以作为预案编制和应急救援的依据和授权

　　C. 上级救援机构或周边可用的应急资源

　　D. 各类应急力量的组成及分布情况

43. 对应急能力进行综合检验的是(　　)。

　　A. 桌面演习　　　　　　　　　　　　B. 实战模拟演习

　　C. 应急训练　　　　　　　　　　　　D. 应急演习

44. 职业卫生的原则中,(　　)是从根本上杜绝职业危害因素对人的作用。

　　A. 第一级预防　　　　　　　　　　　B. 第二级预防

　　C. 第三级预防　　　　　　　　　　　D. 第四级预防

45. 安全生产的责任主体是(　　)。

　　A. 生产经营单位　　　　　　　　　　B. 生产负责人

　　C. 安全保障机构　　　　　　　　　　D. 安全生产机构

46. 在各类有机非电解质之间,其毒性大小依次为(　　)。

　　A. 芳烃>酮>醇>环烃>脂肪烃　　　　B. 芳烃>醇>环烃>酮>脂肪烃

　　C. 芳烃>环烃>醇>酮>脂肪烃　　　　D. 芳烃>醇>酮>环烃>脂肪烃

47. 生产环境中,物体温度达(　　)以上辐射的电磁波谱中可出现紫外线。

　　A. 1000℃　　　　　　　　　　　　　B. 1100℃

　　C. 1200℃　　　　　　　　　　　　　D. 1500℃

48. 职业危害评价的主要方法中,(　　)的优点是简洁、明了。

　　A. 定性法　　　　　　　　　　　　　B. 检查表法

　　C. 类比法　　　　　　　　　　　　　D. 定量法

49. 小型交通运输企业的风险抵押金存储不低于人民币(　　)万元。

　　A. 30　　　　　　　　　　　　　　　B. 100

　　C. 150　　　　　　　　　　　　　　　D. 200

50. 企业当年若发生生产安全事故、动用风险抵押金的,由相关部门重新核定告知企业,企业应当在核定通知送达后(　　)个月内,按照规定标准再将风险抵押金补齐存储差额。

　　A. 1　　　　　　　　　　　　　　　　B. 2

C. 3
D. 4

51. 预警信息系统中的信息网的作用是(　　)。
    A. 进行信息搜集、统计与传输
    B. 对各种监测信息进行分类、整理与统计分析
    C. 储存和处理从信息网传入的各种信息,再进行综合、甄别和简化
    D. 对缺乏的信息进行判断,并进行事故征兆的推断

52. 尽量利用现有统计资料及有关企业、行业的安全规范和标准,体现了预警评价指标构建的(　　)原则。
    A. 科学性
    B. 可操作性
    C. 引导性
    D. 预见性

53. 技术设备属于预警评价的(　　)指标。
    A. 人的安全可靠性
    B. 安全管理有效性
    C. 生产过程的环境安全性
    D. 机(物)的安全可靠性

54. 预警信号一般采用国际通用的颜色表示不同的安全状况,按照事故的严重性和紧急程度,颜色为蓝色代表(　　)。
    A. Ⅰ级预警
    B. Ⅱ级预警
    C. Ⅲ级预警
    D. Ⅳ级预警

55. 有关预警功能的组织管理体系要求的表述,说法错误的是(　　)。
    A. 只有将预警功能有机地构建于传统的企业安全组织系统之内,才能发挥其特殊的报警、矫正和免疫之功效
    B. 综合监控是对综合评价进行综合的系统监测和控制,并对单指标监控的职能进行整体化、综合的系统监控,只能由指挥部负责
    C. 预警管理系统的组织构建是本着效能统一的原则进行的系统组织重构,即在原企业组织中设置新的预警管理部门
    D. 事故预警管理模式的组织体系融合企业安全管理与实践于一体,将管理过程所产生的不可靠性,置于有效监测与控制之下,使企业生产活动在有序的均衡态中实现自组织状态

56. 应急救援的首要任务是(　　)。
    A. 迅速控制事态
    B. 抢救受害人员
    C. 消除危害后果
    D. 查清事故原因,评估危害程度

57. 将全体观测单位按照某种性质或特征分组,然后再分别清点各组观察单位个数的统计资料是(　　)。
    A. 计量资料
    B. 等级资料
    C. 计数资料
    D. 列联表资料

58. 安全技术措施计划的核心是(　　)。
    A. 安全生产措施
    B. 安全保障措施
    C. 安全技术措施
    D. 安全管理措施

59. 下列不属于人身伤亡后所支出的费用的是(　　)。
    A. 医疗费用
    B. 现场抢救费用

C. 丧葬及抚恤费用   D. 歇工工资

60. 职业卫生在调查中,欲研究的现象及其相关特征是客观存在的,不能采用(　　)的方法来平衡或消除非研究因素对研究结果的影响。
    A. 标准化   B. 分层分析
    C. 随机分配   D. 多因素统计分析

61. 根据事故统计的目的和任务,制定调查方案,确定调查对象和单位,拟定调查项目和表格,并按照事故统计工作的性质,选定方法的事故统计步骤是(　　)。
    A. 设计   B. 资料整理
    C. 综合分析   D. 资料搜集

62. 按伤亡事故的有关特征进行分类汇总,研究事故发生的有关情况的事故统计方法是(　　)。
    A. 算数平均法   B. 分组分析法
    C. 综合分析法   D. 相对指标比较法

63. 可以形象地反映不同分类项目所占的百分比的事故统计图是(　　)。
    A. 饼图   B. 柱状图
    C. 趋势图   D. 排列图

64. 制定统计计划,对整个统计过程进行安排的统计工作是(　　)。
    A. 设计   B. 整理资料
    C. 收集资料   D. 统计分析

65. 计量资料的定义为(　　)。
    A. 有度量衡单位、可通过测量得到、多为连续性资料
    B. 将全体观测单位按照某种性质或特征分组,然后再分别清点各组观察单位的个数
    C. 介于计量资料和计数资料之间的一种资料,通过半定量方法测量得到
    D. 通过度量衡的方法,测量每一个观察单位的某项研究指标的量的大小,得到的一系列数据资料

66. 用以说明某一事物内部各组成部分所占的比重或分布的指标是(　　)。
    A. 相对比   B. 发病率
    C. 构成比   D. 死亡率

67. 通常可以通过改进抽样方法和增加样本量等方法来减少(　　)。
    A. 系统误差   B. 抽样误差
    C. 随机测量误差   D. 人为测量误差

68. 统计表与统计图是统计描述的(　　)。
    A. 重要手段   B. 重要保障
    C. 重要工具   D. 重要措施

69. 统计表的种类包括(　　)。
    A. 会计报表、复合表   B. 简单表、二维表
    C. 简单表、会计报表   D. 简单表、复合表

70. 规定了定量记录人体伤害程度的方法及伤害对应的损失工作日数值,且适用于企业职工伤亡事故造成的身体伤害的是(　　)。
    A.《事故伤害损失工作日标准》   B.《企业安全生产标准化基本规范》

C.《企业职工伤亡事故分类标准》　　　　D.《过程安全管理标准(RMPR)》

二、多项选择题(共 15 题,每题 2 分。每题的备选项中,有 2 个或 2 个以上符合题意,至少有 1 个错项。错选,本题不得分;少选,所选的每个选项得 0.5 分)

71. 安全生产管理的内容包括( )。
   A. 安全生产责任制　　　　　　　　　　B. 安全生产管理规章制度
   C. 安全生产策划　　　　　　　　　　　D. 安全生产财务制度
   E. 安全培训教育

72. 企业风险抵押金存储的要求包括( )。
   A. 为处理本企业生产安全事故而直接发生的抢险、救灾费用支出
   B. 由企业事先按时足额存储,企业不得因变更企业法定代表人或合伙人、停产整顿等
      情况迟(缓)存、少存或不存风险抵押金,也不得以任何形式向职工摊派风险抵押金
   C. 存储数额由省、市、县级安全生产监督管理部门及同级财政部门核定下达
   D. 实行专户管理
   E. 为处理本企业生产安全事故善后事宜而直接发生的费用支出

73. 安全技术措施按照危险、有害因素的类别可分为( )等。
   A. 煤矿安全技术措施　　　　　　　　　B. 电气安全技术措施
   C. 起重与机械安全技术措施　　　　　　D. 锅炉与压力容器安全技术措施
   E. 防火防爆安全技术措施

74. 取得安全评价机构资质需经过( )等程序。
   A. 条件核查　　　　　　　　　　　　　B. 级别确定
   C. 公示、许可决定　　　　　　　　　　D. 许可审查
   E. 初审

75. 特种设备安全监察制度具有( )等特点。
   A. 强制性　　　　　　　　　　　　　　B. 体系性
   C. 责任追究性　　　　　　　　　　　　D. 连续性
   E. 标准性

76. 安全评价管理对评价机构和评价人员的要求中,安全评价机构与被评价单位存在( )
   等各种利益关系的,不得参与其关联项目的安全评价活动。
   A. 投资咨询　　　　　　　　　　　　　B. 工程设计
   C. 工程咨询　　　　　　　　　　　　　D. 工程监察
   E. 物资供应

77. 安全评价过程控制文件主要包括( )等内容。
   A. 机构管理　　　　　　　　　　　　　B. 人员管理
   C. 内部资源管理　　　　　　　　　　　D. 申报管理
   E. 项目管理

78. 监督管理的基本特征包括( )。
   A. 引导性　　　　　　　　　　　　　　B. 普遍约束性
   C. 权威性　　　　　　　　　　　　　　D. 强制性
   E. 体系性

79. 对于毒性物质,其危险物质事故易发性主要取决于(　　　)参数。

    A. 毒气的程度   B. 物质的状态

    C. 毒性等级   D. 气味

    E. 重度

80. 组织准备的特定任务包括(　　　)。

    A. 开展预警分析和对策行动的组织保障活动

    B. 确定预警系统的组织构成、职能分配及运行方式

    C. 整个预警机制的运行制订及实施的制度、标准、规章

    D. 为预控对策的实施提供有保障的组织环境

    E. 为事故状态时的管理提供组织训练与对策准备

81. 事故隐患分为(　　　)。

    A. 特别重大事故隐患   B. 重大事故隐患

    C. 较大事故隐患   D. 一般事故隐患

    E. 较小事故隐患

82. 一般把危险源划分为(　　　)。

    A. 第一类危险源   B. 第二类危险源

    C. 第三类危险源   D. 第四类危险源

    E. 第五类危险源

83. 化学物质的危害程度可分为(　　　)等级别。

    A. 高剧毒   B. 中等毒

    C. 剧毒   D. 高毒

    E. 微毒

84. 有关事故调查报告中防范和整改措施的落实及其监督要求的表述,说法正确的有(　　　)。

    A. 事故调查组在调查事故中要查清事故经过、查明事故原因和事故性质,总结事故教训,并在事故调查报告中提出防范和整改措施

    B. 事故发生单位应当认真吸取事故教训,落实防范和整改措施,防止事故再次发生

    C. 防范和整改措施的落实情况应当接受预警部和职工的监督

    D. 事故调查处理的最终目的是预防和减少事故

    E. 事故处理的情况由负责事故调查的人民政府或者其授权的有关部门、机构向社会公布,依法应当保密的除外

85. 统计表的基本要求包括(　　　)。

    A. 标题位置在表格的最上方,应包括时间、地点和要表达的主要内容

    B. 标目所表达的性质相当于"变量名称",要有单位

    C. 线条不宜过多,一般三根横线条,不用竖线条

    D. 备注表中用"＊"标出,再在表的下方注出

    E. 标题要概括图形所要表达的主要内容,标题一般写在图形的下端中央

参 考 答 案

一、单项选择题

1. D	2. A	3. C	4. A	5. B
6. A	7. C	8. B	9. C	10. C
11. A	12. B	13. A	14. C	15. A
16. C	17. A	18. B	19. A	20. A
21. C	22. D	23. A	24. C	25. B
26. D	27. C	28. B	29. B	30. B
31. A	32. B	33. C	34. A	35. A
36. A	37. C	38. B	39. A	40. A
41. C	42. B	43. D	44. A	45. A
46. D	47. C	48. B	49. A	50. A
51. A	52. B	53. B	54. D	55. B
56. B	57. C	58. C	59. B	60. C
61. D	62. B	63. A	64. A	65. D
66. C	67. B	68. C	69. D	70. A

二、多项选择题

71. ABCE	72. BCD	73. BCDE	74. ACDE	75. ABC
76. ABCE	77. ABCE	78. BCD	79. BCDE	80. BE
81. BD	82. AB	83. BCDE	84. ABDE	85. ABCD

预测试卷(二)

一、单项选择题(共70题,每题1分。每题的备选项中,只有1个最符合题意)

1. 出现越频繁,发生事故的可能性越大的是( )。
   A. 第一类危险源　　　　　　　　　　B. 第二类危险源
   C. 第三类危险源　　　　　　　　　　D. 第四类危险源

2. 从安全生产角度解释,( )是指可能造成人员伤害和疾病、财产损失、作业环境破坏或其他损失的根源或状态。
   A. 危险　　　　　　　　　　　　　　B. 危险源
   C. 危险度　　　　　　　　　　　　　D. 重大危险源

3. 根据危险源在事故发生、发展中的作用,一般把危险源划分为第一类危险源和第二类危险源两大类,其中,第二类危险源是指( )。
   A. 生产过程中存在的,可能发生意外释放的能量
   B. 长期地或者临时地生产、搬运、使用或者储存危险物品
   C. 导致能量或危险物质约束或限制措施破坏或失效的各种因素
   D. 通过设计等手段使生产设备或生产系统本身具有安全性,即使在误操作或发生故障的情况下也不会造成事故

4. 控制爆炸性气体浓度属于防止能量意外释放的屏蔽措施中的( )。
   A. 限制能量　　　　　　　　　　　　B. 防止能量蓄积
   C. 控制能量释放　　　　　　　　　　D. 延缓释放能量

5. 安全规章制度的建设依据不包括( )。
   A. 事故经验　　　　　　　　　　　　B. 安全生产法律法规
   C. 国家和行业标准　　　　　　　　　D. 地方政府的法规

6. 生产经营单位保护从业人员安全与健康的重要手段是( )。
   A. 安全生产管理　　　　　　　　　　B. 建立健全安全规章制度
   C. 建立安全生产体系　　　　　　　　D. 健全安全生产法规

7.《劳动法》规定,用人单位必须建立、健全( ),严格执行国家劳动安全卫生规程和标准,对劳动者进行劳动安全卫生教育,防止劳动过程中的事故,减少职业危害。
   A. 安全生产责任制度　　　　　　　　B. 安全生产监控制度
   C. 安全生产报告制度　　　　　　　　D. 劳动安全卫生制度

8. 实现安全生产的重要基础是( )。
   A. 保证物资的质量　　　　　　　　　B. 保证必要的安全生产投入
   C. 更新安全技术装备　　　　　　　　D. 保证从业人员的操作规范

9. 特大型危险化学品企业的风险抵押金存储不低于人民币( )万元。
   A. 100　　　　　　　　　　　　　　B. 150
   C. 200　　　　　　　　　　　　　　D. 250

10. 按照交通运输、建筑施工、危险化学品、烟花爆竹等行业或领域从事生产经营活动的企

业风险抵押金存储标准,大型企业不低于人民币(　　)万元。

A. 30
B. 100
C. 150
D. 200

11. 为了不影响特大型、大型企业的生产经营资金周转,每一企业风险抵押金累计达到(　　)万元时不再存储。

A. 300
B. 500
C. 1000
D. 1500

12. 以防止工伤事故和减少事故损失为目的一切技术措施是指(　　)。

A. 卫生技术措施
B. 安全技术措施
C. 辅助措施
D. 安全宣传教育措施

13. 建设项目安全设施设计完成后,生产经营单位应当按照相关规定向安全生产监督管理部门备案,并且应该提交的文件资料不包括(　　)。

A. 建设项目审批、核准或者备案的文件
B. 建设项目安全预评价报告及相关文件资料
C. 建设项目初步设计报告及安全专篇
D. 安全设施设计单位的设计资质证明文件

14. 对已经受理的建设项目安全设施设计审查申请,安全生产监督管理部门20个工作日内不能作出决定的,经本部门负责人批准,可以延长(　　)个工作日,并应当将延长期限的理由书面告知申请人。

A. 10
B. 20
C. 30
D. 45

15. 在每一年度终了后(　　)个月内,省级安全生产监督管理部门及同级财政部门要将上年度本地区风险抵押金存储、使用、管理等有关情况报国家安全生产监督管理总局及财政部。

A. 3
B. 5
C. 7
D. 10

16. 生产经营单位编制的(　　)是为了保证安全资金的有效投入。

A. 应急预案
B. 安全施工方案
C. 安全验收报告
D. 安全技术措施计划

17. 不属于地方煤矿安全监管机构主要履行的职责的是(　　)。

A. 对本地区煤矿安全进行日常检查,对煤矿违法违规行为依法作出现场处理或者实施行政处罚
B. 对地方煤矿监管工作进行检查指导
C. 依法组织关闭不具备安全生产条件的矿井
D. 监督煤矿企业事故隐患的整改并组织复查

18. 具有随机性的煤矿安全监察方式是(　　)。

A. 日常监察
B. 专项监察
C. 重点监察
D. 定期监察

19. 评价对象完善自身安全管理、应用安全技术等方面的重要参考资料是(　　)。

A. 事故调查报告   B. 可行性研究报告

C. 安全评价报告   D. 安全文化建设评价报告

20. 下列不属于监督管理的基本原则的是( )。

A. 坚持以事实为依据,以法律为准绳的原则

B. 坚持安全第一,预防为主的原则

C. 坚持行为监察与技术监察相结合的原则

D. 坚持教育与惩罚相结合的原则

21. 从结果推论原因的定量安全评价方法是( )。

A. 归纳推理评价法   B. 危险指数评价法

C. 演绎推理评价法   D. 系统危险性评价法

22. 建设项目安全设施建设项目竣工后,试运行时间应当不少于( )日。

A. 22   B. 30

C. 90   D. 180

23. 关于采购特种设备应当符合的要求,说法错误的是( )。

A. 能效指标符合国家或者地方有关强制性规定以及设计要求

B. 所采购特种设备由经验丰富的单位制造

C. 所采购特种设备应当附有安全技术规范要求的设计文件

D. 所采购特种设备应当附有制造监督检验证书

24. 适用于有可供参考先例、有以往经验可以借鉴的系统的危险、有害因素辨识方法是( )。

A. 概率分析方法   B. 系统安全分析方法

C. 预先危险分析方法   D. 直观经验分析方法

25. 下列不属于安全验收评价主要内容的是( )。

A. 危险、有害因素的辨识与分析

B. 符合性评价和危险危害程度的评价

C. 安全对策措施建议

D. 收集并分析评价对象的基础资料、相关事故案例

26. 采用逻辑推理的方法,由事故推论最基本的危险、有害因素或由最基本的危险、有害因素推论事故的评价法是( )。

A. 危险指数评价法   B. 危险性分级安全评价方法

C. 伤害(或破坏)范围评价法   D. 事故致因因素安全评价方法

27. 常用的安全评价方法中,( )比较简单,评价结果一般以表格形式表示。

A. 危险指数方法   B. 安全检查表方法

C. 故障假设分析方法   D. 预先危险性分析方法

28. 必须由一个多方面的、专业的、熟练的人员组成的小组来完成的安全评价方法是( )。

A. 故障假设分析方法   B. 安全检查表方法

C. 危险和可操作性研究方法   D. 预先危险性分析方法

29. 有关安全评价师管理要求的表述,说法错误的是( )。

A. 安全评价师需按有关规定参加安全评价师继续教育保持资格

B. 安全评价师不得在两个或两个以上机构从事安全评价

C. 取得安全评价师职业资格证书的人员,在履行从业登记、取得从业登记合格证后,方可从事安全评价工作

D. 取得安全评价师职业资格证书的人员,在履行从业登记、取得从业登记编号后,方可从事安全评价工作

30. 建设项目在竣工验收前,( )应当对职业危害控制效果进行评价。
   A. 设计单位　　　　　　　　　　B. 建设单位
   C. 施工单位　　　　　　　　　　D. 监理单位

31. 对建筑施工单位安全生产管理人员的初次培训应不少于( )学时。
   A. 16　　　　　　　　　　　　　B. 32
   C. 48　　　　　　　　　　　　　D. 64

32. 安全生产检查的类型不包括( )。
   A. 不定期安全生产检查　　　　　B. 经常性安全生产检查
   C. 节假日前后安全生产检查　　　D. 专业(项)安全生产检查

33. 预警分析系统不包括( )。
   A. 监测系统　　　　　　　　　　B. 预警信息系统
   C. 预测评价系统　　　　　　　　D. 预警评价目标体系系统

34. 从( )来看,预测评价系统的评价对象亦是生产过程中"外部环境不良"和"内部管理不善"等方面因素的综合。
   A. 事故的严重性　　　　　　　　B. 事故的发展规律
   C. 事故的紧急程度　　　　　　　D. 事故的性质

35. 预警系统是一种以( )为目的的防错、纠错系统。
   A. 警报　　　　　　　　　　　　B. 辨伪
   C. 矫正　　　　　　　　　　　　D. 免疫

36. 企业质量管理的目的是( )。
   A. 确定企业的质量目标,制订企业规划和建立、健全企业的质量保证体系
   B. 生产出合格的产品(工程)
   C. 使质量管理预警系统得以发挥作用
   D. 在管理信息系统、数据库技术、专家系统技术以及质量安全监控于一体的智能化管理系统上建立质量管理预警系统

37. 决定启动应急救援的关键是( )。
   A. 准确了解事故的性质和规模等初始信息　B. 指挥与控制
   C. 警报和紧急公告　　　　　　　D. 事态监测与评估

38. 控制事故现场,制定消防、抢险措施的重要决策的依据是( )。
   A. 警戒与治安　　　　　　　　　B. 人群疏散与安置
   C. 事态监测与评估　　　　　　　D. 危险物质控制

39. 适当开展跨地区、跨部门、跨行业的综合性演练,充分利用现有资源,努力提高应急演练效益体现了应急演练的( )原则。
   A. 结合实际、合理定位　　　　　B. 精心组织、确保安全
   C. 着眼实战、讲求实效　　　　　D. 统筹规划、厉行节约

40. 预警活动中,(　　)是至关重要的环节。

A. 监测　　　　　　　　　　　　B. 识别

C. 诊断　　　　　　　　　　　　D. 评价

41. 事故应急救援的基本任务中,(　　)是降低伤亡率、减少事故损失的关键。

A. 立即组织营救受害人员　　　　　B. 迅速控制事态

C. 消除危害后果,做好现场恢复　　　D. 查清事故原因,评估危害程度

42. 《危险化学品安全管理条例》规定,危险化学品事故应急救援预案应当报(　　)负责化学品安全监督管理综合工作的部门备案。

A. 县级以上地方各级人民政府　　　B. 设区的市级人民政府

C. 省级人民政府　　　　　　　　　D. 市级以上人民政府

43. 特种劳动防护用品安全标志的标识边框、盾牌及"安全防护"为(　　)。

A. 绿色　　　　　　　　　　　　B. 红色

C. 黄色　　　　　　　　　　　　D. 蓝色

44. 特种劳动防护用品长管面具的标识规格为(　　)。

A. 18mm(包括编号)×12mm　　　B. 27mm(包括编号)×18mm

C. 39mm(包括编号)×26mm　　　D. 69mm(包括编号)×46mm

45. 有关射频辐射对人体的影响,说法不正确的是(　　)。

A. 不会导致组织器官的器质性损伤

B. 具有不可逆性特征

C. 主要引起功能性改变

D. 症状往往在停止接触数周或数月后消失

46. 根据(　　)不同,职业危害评价可分为经常性职业危害因素检测与评价和建设项目的职业危害评价。

A. 评价的方式和性质　　　　　　　B. 评价的动机和方式

C. 评价的目的和性质　　　　　　　D. 评价的目的和标准

47. 下列评价方法中,(　　)常用于评价拟建项目在选址、总平面布置、生产工艺与设备布局、应急救援措施、个体防护措施、职业卫生管理等方面与法律、法规、标准的符合性。

A. 定量法　　　　　　　　　　　B. 检查表法

C. 类比法　　　　　　　　　　　D. 定性法

48. 职业卫生培训主要管理工作的内容不包括(　　)。

A. 对上岗前的劳动者进行职业卫生培训

B. 定期对劳动者进行在岗期间的职业卫生培训

C. 对离岗劳动者进行定期的职业卫生培训

D. 对生产经营单位主要负责人的职业卫生培训

49. 预警系统中的(　　)完成将原始信息向征兆信息转换的功能。

A. 监测系统　　　　　　　　　　B. 预警信息系统

C. 预警评价指标体系系统　　　　　D. 预测评价系统

50. 事故应急救援体系的基本构成中,(　　)是安全生产应急管理体系的基础。

A. 组织体系　　　　　　　　　　B. 运行机制

C. 法律法规体系   D. 支持保障系统

51. 典型的事故应急响应级别中,(   )情况是指能被一个部门正常可利用的资源处理的紧急情况。
    A. 一级紧急   B. 二级紧急
    C. 三级紧急   D. 四级紧急

52. 应急程序中,(   )是应急指挥、协调和与外界联系的重要保障。
    A. 指挥与控制   B. 警报和紧急公告
    C. 通信   D. 事态监测与评估

53. 涉及应急预案中多项或全部应急响应功能的演练活动是(   )。
    A. 单项演练   B. 综合演练
    C. 桌面演练   D. 实战演练

54. 未造成人员伤亡的一般事故,(   )可以委托事故发生单位组织事故调查组进行调查。
    A. 县级人民政府   B. 县级以上人民政府
    C. 设区的市级人民政府   D. 省级人民政府

55. 特种作业操作证有效期为(   )年,在全国范围内有效。
    A. 4   B. 5
    C. 6   D. 7

56. 安全生产检查的类型中,(   )一般具有组织规模大、检查范围广、有深度,能及时发现并解决问题等特点。
    A. 定期安全生产检查   B. 专业(项)安全生产检查
    C. 经常性安全生产检查   D. 综合性安全生产检查

57. 进口的一般劳动防护用品的安全防护性能不得低于我国相关标准,并应向(   )指定的特种劳动防护用品安全标志管理机构申请办理准用手续。
    A. 工商行政管理部门   B. 综合监督管理部门
    C. 行业监督管理部门   D. 国家安全生产监督管理总局

58. 发包单位、承包商应依法签订工程合同和安全协议,开工前向承包商收取安全风险抵押金,安全风险抵押金一般为工程总造价的(   )。
    A. 3%   B. 5%
    C. 7%   D. 10%

59. 常用的安全评价方法中,(   )是一种定性的安全评价方法。
    A. 故障假设分析   B. 预先危险分析
    C. 危险和可操作性研究   D. 危险指数

60. 特别重大事故在特殊情况下,批复时间可以适当延长,但延长的时间最长不超过(   )日。
    A. 30   B. 60
    C. 40   D. 50

61. 应急演练按照(   )可以分为单项演练和综合演练两类。
    A. 演练内容   B. 演练目的和作用
    C. 组织方式   D. 目标重点的不同

62. 生产经营单位承包工程,其安全管理的内容不包括(   )。

A. 要根据自身的安全资质和能力,承包相应的工程

B. 根据工程需要完善安全管理规章制度,不出现责任和管理制度执行的真空

C. 双方的安全管理要相互促进

D. 要认真做好施工现场安全措施的核实和确认

63. 下列选项中,不属于对事故责任者的处理建议的内容是(   )。

A. 事故发生单位主要负责人应该吸取的教训

B. 对事故责任者的行政处罚建议

C. 对事故责任者追究民事责任的建议

D. 对事故责任者追究刑事责任的建议

64. 常用于衡量疾病的发生,研究疾病发生的因果关系和评价预防措施效果的职业卫生统计指标是(   )。

A. 患病率　　　　　　　　　　　　B. 病死率

C. 发病率　　　　　　　　　　　　D. 粗死亡率

65. 常用的抽样方法中,(   )的优点是易于理解、简便易行。

A. 单纯随机抽样　　　　　　　　　B. 系统抽样

C. 整群抽样　　　　　　　　　　　D. 分层抽样

66. 安全生产的主体是(   )。

A. 生产经营单位　　　　　　　　　B. 生产员工

C. 生产技术　　　　　　　　　　　D. 生产设备

67. 按对观察指标影响较大的某种特征,将总体分为若干个类别,再从每一层内随机抽取一定数量的观察单位,合起来组成样本的抽样方法是(   )。

A. 整群抽样　　　　　　　　　　　B. 分层抽样

C. 系统抽样　　　　　　　　　　　D. 单纯随机抽样

68. 可以提供一种组织归纳和运用资料的伤亡事故统计方法是(   )。

A. 描述统计法　　　　　　　　　　B. 分组分析法

C. 推理统计法　　　　　　　　　　D. 综合分析法

69. 假设检验的基本思想是(   )反证法思想。

A. 小概率　　　　　　　　　　　　B. 大概率

C. 平均率　　　　　　　　　　　　D. 差别率

70. 事故罚款和赔偿费用属于(   )。

A. 财产损失价值　　　　　　　　　B. 善后处理费用

C. 间接经济损失费用　　　　　　　D. 人身伤亡后所支出的费用

二、多项选择题(共15题,每题2分。每题的备选项中,有2个或2个以上符合题意,至少有1个错项。错选,本题不得分;少选,所选的每个选项得0.5分)

71. 安全生产管理系统是生产管理的一个子系统,包括(   )。

A. 各级安全管理人员　　　　　　　B. 生产物资安全制度

C. 安全防护设备与设施　　　　　　D. 安全管理规章制度

E. 安全生产管理信息

72. 运用强制原理的原则包括(   )。

A. 整分合原则   B. 监督原则
C. 动态相关性原则   D. 安全第一原则
E. 本质安全化原则

73. 企业安全文化的主要功能,包括(   )。
    A. 激励功能   B. 辐射和同化功能
    C. 凝聚功能   D. 异化功能
    E. 导向功能

74. 按照煤矿企业核定(设计)或者采矿许可证确定的生产能力核定,其标准为(   )。
    A. 3万t以下(含3万t)存储60万元~100万元
    B. 3万t以上至9万t(含9万t)存储150万元~200万元
    C. 9万t以上至15万t(含15万t)存储250万元~300万元
    D. 15万t以上,以300万元为基数,每增加10万t增加50万元
    E. 15万t以上,以300万元为基数,每增加10万t增加40万元

75. 在煤矿安全监察的内容中,重点监察的内容包括(   )。
    A. 主要负责人是否向职工代表大会或职工大会报告安全工作,发挥职工群众的监督
       作用
    B. 是否按照规定要求向职工发放劳动防护用品
    C. 是否建立救护和医疗急救组织,配备必要的装备、器材和药品
    D. 是否具有保障安全生产的图样、资料
    E. 查思想、查制度、查安全设施、查事故隐患和查事故处理,看被监察的煤矿企业是否
       符合有关法律法规、标准的规定要求

76. 预先危险分析方法是通过经验判断、技术诊断或其他方法确定危险源,对所需分析系统
    的(   )等,进行充分详细的了解。
    A. 物料   B. 装置
    C. 生产目的   D. 周围环境
    E. 损坏程度

77. 安全验收评价报告的要求包括(   )。
    A. 文字简洁、精确
    B. 安全验收评价报告应全面、概括地反映验收评价的全部工作
    C. 可同时采用图表和照片
    D. 以使评价过程和结论清楚、明确,利于阅读和审查
    E. 结合评价对象的特点阐述编制安全验收评价报告的目的

78. 各级重大危险源应达到的受控标准是(   )。
    A. 一级危险源在A级以上   B. 二级危险源在B级以上
    C. 三级危险源在C级以上   D. 四级危险源在C级以上
    E. 三级和四级危险源在D级以上

79. 管理系统的动力包括(   )。
    A. 能级动力   B. 物质动力
    C. 行为动力   D. 精神动力

E. 信息动力

80. 组织保障主要包括( )。
A. 安全生产管理机构的保障
B. 安全生产管理物资的保障
C. 安全生产管理人员的保障
D. 安全生产管理机制的保障
E. 安全生产管理设备的保障

81. 事故应急救援具有( )特点。
A. 不确定性
B. 应急活动的复杂性
C. 局限性
D. 后果、影响易猝变、激化和放大
E. 突发性

82. 预警信息管理系统是集计算机技术与专家系统技术为一体的智能化系统,它以管理信息系统为基础,完成信息( )等任务。
A. 收集
B. 操作
C. 处理
D. 推断
E. 辨识

83. 生产性粉尘根据其性质可分为无机性粉尘、有机性粉尘、混合性粉尘,其中无机性粉尘包括( )。
A. 植物性粉尘
B. 人工无机性粉尘
C. 矿物性粉尘
D. 动物性粉尘
E. 金属性粉尘

84. 在生产过程中,由于( )所产生的噪声,称为生产性噪声或工业噪声。
A. 机器转动
B. 摩擦
C. 工件撞击
D. 气体排放
E. 气流冲击

85. 职业卫生调查设计中,常用的抽样方法包括( )。
A. 单纯随机抽样
B. 系统抽样
C. 综合抽样
D. 整群抽样
E. 分层抽样

参考答案

一、单项选择题

1. B	2. B	3. C	4. B	5. A
6. B	7. D	8. B	9. C	10. C
11. B	12. B	13. D	14. A	15. A
16. D	17. B	18. A	19. C	20. B
21. C	22. B	23. B	24. D	25. D
26. D	27. C	28. C	29. C	30. B
31. C	32. A	33. D	34. B	35. D
36. B	37. A	38. C	39. D	40. B
41. A	42. B	43. A	44. B	45. B
46. C	47. B	48. C	49. B	50. A
51. C	52. C	53. B	54. A	55. C
56. A	57. D	58. B	59. C	60. A
61. A	62. C	63. A	64. C	65. B
66. B	67. B	68. A	69. A	70. B

二、多项选择题

71. ACDE	72. BD	73. ABCE	74. ABCD	75. ABCD
76. ABCD	77. ABCD	78. ABCD	79. BDE	80. AC
81. ABDE	82. ACDE	83. BCE	84. ABCD	85. ABDE

预测试卷(三)

一、单项选择题(共70题,每题1分。每题的备选项中,只有1个最符合题意)

1. 安全生产工作的重点是( )。
   - A. 调动人的积极性
   - B. 防治人的不安全行为
   - C. 保证生产设备的安全性
   - D. 防止偶然损失的发生

2. 《企业职工伤亡事故分类标准》(GB 6441—1986),综合考虑起因物、引起事故的诱导性原因、致害物、伤害方式等,将企业工伤事故分为( )类。
   - A. 10
   - B. 15
   - C. 18
   - D. 20

3. 运用系统原理的( ),要求企业管理者在制订整体目标和进行宏观决策时,必须将安全生产纳入其中,在考虑资金、人员和体系时,都必须将安全生产作为一项重要内容考虑。
   - A. 动态相关性原则
   - B. 整分合原则
   - C. 反馈原则
   - D. 封闭原则

4. 有关安全生产规章制度管理要求的表述,说法错误的是( )。
   - A. 根据生产经营单位安全生产责任制,由负责安全生产管理部门或相关职能部门负责起草
   - B. 技术规程、安全操作规程等技术性较强的安全生产规章制度,一般由生产经营单位主管生产的领导或总工程师签发
   - C. 生产经营单位的规章制度,必须采用书面形式进行发布
   - D. 生产经营单位应每年制定规章制度的制定、修订计划,并应公布现行有效的安全生产规章制度清单

5. 生产经营单位的法定责任是( )。
   - A. 安全生产
   - B. 建立、健全安全生产责任制度
   - C. 建立、健全安全规章制度
   - D. 完善安全生产条件

6. 3万t以上至9万t(含9万t)煤矿企业的风险抵押金存储标准是( )万元。
   - A. 100~150
   - B. 150~200
   - C. 100~200
   - D. 150~250

7. 可以从根本上防止事故发生的措施是( )。
   - A. 消除危险源
   - B. 限制能量或危险物质
   - C. 隔离
   - D. 减少危险人物

8. 安全生产监督管理部门收到安全设施建设竣工申请后,对属于本部门职责范围内的,应当及时审查,并在收到申请后( )个工作日内作出受理或者不予受理的决定,并书面告知申请人。
   - A. 5
   - B. 10
   - C. 15
   - D. 20

9. 运用预防原理的原则中,( )不仅可以应用于设备、设施,还可以应用于建设项目。

   A. 因果关系原则　　　　　　　　　B. 本质安全化原则

   C. 3E 原则　　　　　　　　　　　D. 偶然损失原则

10.《安全生产违法行为行政处罚办法》规定,对企业未按规定缴存和使用安全生产风险抵押金的,有关部门可以责令限期改正,并可以对生产经营单位处( )罚款。

   A. 5 千元以上 1 万元以下　　　　　B. 5 千元以上 2 万元以下

   C. 1 万元以上 3 万元以下　　　　　D. 3 万元以上 5 万元以下

11. 采购旧特种设备应当符合的要求不包括( )。

   A. 具有原使用单位的注销登记证明　B. 具有完整的安全技术档案

   C. 具有出厂合格证明　　　　　　　D. 经定期检验合格

12. 对烟花爆竹安全生产管理人员的再次培训时间不得少于( )学时。

   A. 8　　　　　　　　　　　　　　B. 16

   C. 32　　　　　　　　　　　　　　D. 48

13. "建设项目的职业病防护设施所需费用应当纳入建设项目工程预算,并与主体工程同时设计、同时施工、同时投入生产和使用"是在( )中规定的。

   A.《劳动法》　　　　　　　　　　B.《安全生产法》

   C.《建设项目(工程)劳动安全卫生监察规定》　D.《职业病防治法》

14. 安全生产监督管理部门收到安全设计设施审查申请后,对属于本部门职责范围内的,应当及时进行审查,并在收到申请后( )个工作日内作出受理或者不予受理的决定,书面告知申请人。

   A. 5　　　　　　　　　　　　　　B. 6

   C. 15　　　　　　　　　　　　　　D. 30

15. 对施工组织设计中的安全技术措施或者专项施工方案是否符合工程建设强制性标准进行审查的是( )。

   A. 设计单位　　　　　　　　　　　B. 施工单位

   C. 建设单位　　　　　　　　　　　D. 监理单位

16. 关于特种劳动防护用品安全标志管理中对生产经营单位的要求的表述错误的是( )。

   A. 生产劳动防护用品的企业生产的特种劳动防护用品,必须取得特种劳动防护用品安全标志

   B. 经营劳动防护用品的单位应有工商行政管理部门核发的营业执照

   C. 经营劳动防护用品的单位不得经营假冒伪劣劳动防护用品和无安全标志的特种劳动防护用品

   D. 生产经营单位采购的特种劳动防护用品须经安全生产监督管理部门或者管理人员检查验收

17. 依法对全国安全生产实施综合监督管理的是( )。

   A. 行业监督管理部门　　　　　　　B. 国家安全生产监督管理总局

   C. 国务院　　　　　　　　　　　　D. 国家安全质量监督管理总局

18. 煤矿安全的监管实行的是( )相结合的方式。

A. 政府监督与其他监督   B. 综合监管与行业监管

C. 国家监察与地方监管   D. 政府监督与地方监管

19. 安全生产监督管理方式中的技术监察是指(　　)。

    A. 有关安全生产许可事项的审批

    B. 对物质条件的监督检查

    C. 监督检查生产经营单位安全生产的组织管理的实施等工作

    D. 生产安全事故发生后的应急救援,以及调查处理等工作

20. 安全检查表一般不包括(　　)。

    A. 检查项目   B. 检查内容

    C. 检查结果   D. 检查人员

21. 3 万 t 以下(含 3 万 t)的煤矿企业的风险抵押金的存储标准为(　　)。

    A. 60 万元 ~100 万元   B. 150 万元 ~200 万元

    C. 250 万元 ~300   D. 300 万元 ~350 万元

22. 下列选项中,不属于安全预评价内容的是(　　)。

    A. 给出量化的安全状态参数值   B. 安全对策措施

    C. 危险及有害因素识别   D. 危险度评价

23. 既适用于对一个生产经营单位或一个工业园区的评价,也适用于某一特定的生产方式、生产工艺或作业场所评价的类型是(　　)。

    A. 安全验收评价   B. 安全预评价

    C. 安全现状评价   D. 安全综合评价

24. 常用的危险、有害因素辨识方法有直观经验分析方法和(　　)分析方法。

    A. 经验   B. 对照

    C. 系统安全   D. 类比

25. 根据事故的数学模型,应用数学方法,求取事故对人员的伤害范围或对物体的破坏范围的安全评价方法是(　　)。

    A. 概率风险评价法   B. 作业条件危险性评价法

    C. 危险指数评价法   D. 伤害(或破坏)范围评价法

26. 按照安全评价结果的量化程度,安全评价方法可分为定性安全评价法和(　　)。

    A. 概率风险评价法   B. 伤害范围评价法

    C. 定量安全评价法   D. 危险指数评价法

27. 识别系统中的潜在危险,确定危险等级,防止危险发展成事故是(　　)的目的。

    A. 危险指数方法   B. 预先危险分析方法

    C. 安全检查表方法   D. 故障假设分析方法

28. 按照安全评价的逻辑推理过程,安全评价方法可分为归纳推理评价法和(　　)评价法。

    A. 定性安全   B. 定量安全

    C. 系统危险性   D. 演绎推理

29. 安全评价机构的业务范围,由(　　)根据安全评价机构的专职安全评价师的人数、基础专业条件和其他有关设施设备等条件确定。

    A. 政府主管部门   B. 检察机关

C. 安全生产监督管理总局　　　　　　D. 公安机关

30. 卫生部、原劳动和社会保障部于2002年颁布《职业病目录》(卫法监发〔2002〕108号),将10类共(　　)种职业病列入法定职业病。
  A. 110　　　　　　　　　　　　　　B. 115
  C. 120　　　　　　　　　　　　　　D. 150

31. 特种劳动防护用品安全标志的"LA"及背景为(　　)。
  A. 绿色　　　　　　　　　　　　　　B. 白色
  C. 黄色　　　　　　　　　　　　　　D. 蓝色

32. 鉴于事故的不确定性和突发性,预警机制必须以(　　)为重要原则。
  A. 高效率　　　　　　　　　　　　　B. 及时性
  C. 全面性　　　　　　　　　　　　　D. 引导性

33. 特种劳动防护用品防电绝缘鞋的规格为(　　)。
  A. 18mm(包括编号)×12mm　　　　　B. 27mm(包括编号)×18mm
  C. 39mm(包括编号)×26mm　　　　　D. 69mm(包括编号)×46mm

34. 不属于安全生产预警特点的是(　　)。
  A. 快速性　　　　　　　　　　　　　B. 完备性
  C. 公开性　　　　　　　　　　　　　D. 预测性

35. 不属于构建安全生产预警的原则的是(　　)原则。
  A. 预测性原则　　　　　　　　　　　B. 及时性原则
  C. 高效性原则　　　　　　　　　　　D. 引导性原则

36. 企业质量管理的基本任务是(　　)。
  A. 生产出合格的产品(工程)
  B. 确定企业的质量目标,制订企业规划和建立健全企业的质量保证体系
  C. 针对生产过程中存在的质量问题,质量水平提高过程中的不当、错误、失误现象进行预警
  D. 收集有关人的活动信息,进行识别与选择,对人的行为活动进行评价与分析,对人的不良行为进行预警

37. 事故应急救援的总目标是(　　)。
  A. 立即组织营救受害人员,组织撤离或者采取其他措施保护危害区域内的其他人员
  B. 迅速控制事态,并对事故造成的危害进行检测、监测,测定事故的危害区域、危害性质及危害程度
  C. 通过有效的应急救援行动,尽可能地降低事故的后果,包括人员伤亡、财产损失和环境破坏等
  D. 消除危害后果,做好现场恢复

38. 依据《安全生产法》的规定,(　　)以上地方各级人民政府应当组织有关部门制定本行政区域内特大生产安全事故应急救援预案,建立应急救援体系。
  A. 省级　　　　　　　　　　　　　　B. 市级
  C. 县级　　　　　　　　　　　　　　D. 设区级

39. 2006年1月8日,国务院发布了(　　),明确了各类突发公共事件分级分类和预案框架

体系,规定了国务院应对特别重大突发公共事件的组织体系、工作机制等内容,是指导预防和处置各类突发公共事件的规范性文件。

A.《国家突发公共事件总体应急预案》

B.《国家安全生产事故灾难应急预案》

C.《国家处置铁路行车事故应急预案》

D.《国家处置民用航空器飞行事故应急预案》

40. 安全生产监督管理人员主要职责不包括(　　)。

    A. 严格履行有关行政许可的审查职责　　 B. 配合地方政府建立应急救援体系

    C. 正确处理事故隐患,防止事故发生　　 D. 接受行政监察机关的监督

41. 事中监督管理重点在(　　)。

    A. 日常的监督检查　　 B. 安全大检查

    C. 作业场所的监督检查　　 D. 许可证的监督检查

42. 预警指标应选定能反映现状和预示未来的指标,体现了预警评价指标的(　　)原则。

    A. 灵敏性　　 B. 科学性

    C. 可操作性　　 D. 预见性

43. 制订事故应急预案是贯彻落实(　　)方针,提高应对风险和防范事故的能力,保证职工安全健康和公众生命安全,最大限度地减少财产损失、环境损害和社会影响的重要措施。

    A.“安全第一、预防为主”　　 B.“安全第一、预防为主、综合治理”

    C.“安全生产、人人有责”　　 D.“安全生产责任制”

44. 短时间接触容许浓度是指在遵守时间加权平均容许浓度前提下容许短时间接触的浓度,其中短时间指(　　)min。

    A. 5　　 B. 10

    C. 15　　 D. 20

45. 定量安全评价方法的分类不包括(　　)。

    A. 概率风险评价法　　 B. 危险指数评价法

    C. 伤害(或破坏)范围评价法　　 D. 归纳推理评价法

46. 由于气体压力变化引起气体扰动,气体与其他物体相互作用造成的噪声称为(　　)。

    A. 电磁噪声　　 B. 能量噪声

    C. 机械性噪声　　 D. 空气动力噪声

47. 有关生产性毒物的物理特性说法,错误的是(　　)。

    A. 毒物的挥发性越大,危害性越大

    B. 毒物沸点与空气中毒物浓度和危害程度成正比

    C. 毒物在水中溶解度越大,其毒性越大

    D. 毒物的分解度越大,化学活性增加,毒性作用增强

48. 根据职业危害申报要求,生产经营单位终止生产经营活动的,应当在生产经营活动终止之日起(　　)日内向原申报机关报告并办理相关手续。

    A. 15　　 B. 30

    C. 45　　 D. 60

49. 安全评价机构的现场核查应(　　)人为一组。
 A. 3~4
 B. 3~5
 C. 4~5
 D. 4~6

50. 建立在管理信息系统以及质量安全监控于一体的智能化管理系统之上的预警系统是(　　)。
 A. 设备管理预警系统
 B. 质量管理预警系统
 C. 人的行为活动管理预警系统
 D. 政策法规变化的预警系统

51. 劳动者接触二氧化硅粉尘浓度符合国家卫生标准的,在岗期间健康检查周期为(　　)。
 A. 每1年1次
 B. 每2年1次
 C. 每3年1次
 D. 每4年1次

52. 建立信息与目前事件状态之间关系,然后由目前事件反证原有信息,若反证结果与原有信息偏误较大,则证明信息来源有误或过时的辨伪方法是(　　)。
 A. 反证性分析
 B. 信息推断
 C. 不利性反证
 D. 事理分析

53. 反馈信息属于预警评价的(　　)。
 A. 人的安全可靠性指标
 B. 机(物)的安全可靠性指标
 C. 生产过程的环境安全性指标
 D. 安全管理有效性指标

54. 常用的安全评价方法中,(　　)是一种对系统工艺过程或操作过程的创造性分析方法。
 A. 危险指数方法
 B. 故障假设分析方法
 C. 预先危险分析方法
 D. 危险和可操作性研究方法

55. 物体在外力或重力作用下,超过自身的强度极限或因结构稳定性破坏而造成的事故称为(　　)。
 A. 坍塌
 B. 物体打击
 C. 冒顶片帮
 D. 高处坠落

56. 属于安全评价二类业务的是(　　)。
 A. 煤炭开采业
 B. 石油加工业
 C. 尾矿库
 D. 炼焦业

57. 安全生产监督管理部门和负有安全生产监督管理职责的有关部门逐级上报事故情况,每级上报的时间不得超过(　　)h。
 A. 1
 B. 2
 C. 3
 D. 4

58. 事故调查处理应当坚持(　　)的原则。
 A. 实事求是、尊重科学
 B. 分级指导、分类指导
 C. 政府领导、分级负责
 D. 精简、效能

59. 一般事故,负责事故调查的人民政府应当自收到事故调查报告之日起(　　)日内作出批复。
 A. 15
 B. 20
 C. 25
 D. 30

60. 纵轴用对数尺度,描述一组连续性资料的变化速度及趋势的统计图是(　　)。

A. 条图   B. 线图
C. 半对数线图   D. 直方图

61. 事故调查中,(   )是事故调查工作成果的集中体现。
    A. 提出防范和整改措施   B. 事故调查报告
    C. 总结事故教训   D. 认定事故性质和事故责任分析

62. 对分类资料各类别数值大小进行比较宜选用的统计图是(   )。
    A. 散点图   B. 条图
    C. 半对数线图   D. 线图

63. 适用于病程较长疾病的统计研究,用于衡量疾病的存在,反映某病在一定人群中的流行
    规模或水平的统计指标是(   )。
    A. 患病率   B. 发病率
    C. 病死率   D. 粗死亡率

64. 用于了解某一特定时间横断面上特定作业场所中职业危害因素或人群职业病分布情况
    的行为是(   )。
    A. 普查   B. 调查设计
    C. 抽样调查   D. 典型调查

65. 用来表示属于某项目的各分类频次的排列图是(   )。
    A. 趋势图   B. 柱状图
    C. 直方图   D. 控制图

66. 等级资料的特点是(   )。
    A. 介于计量资料和计数资料之间的一种资料,通过半定量方法测量得到
    B. 每一个观察单位没有确切值,各组之间有性质上的差别或程度上的不同
    C. 没有度量衡单位,通过枚举或计数得来,多为间断性资料
    D. 有度量衡单位,可通过测量得到,多为连续性资料

67. 统计表制表原则是(   )。
    A. 重点突出,简单明了,主谓分明,层次清楚
    B. 比较分类资料各类别数值大小
    C. 分析事物内部各组成部分所占比重(构成比)
    D. 描述双变量资料相互关系的密切程度或相互关系的方向

68. 统计分析的最基本内容是(   )。
    A. 统计描述   B. 统计推断
    C. 参数估计   D. 统计指标

69. 我国伤亡事故统计是一项经常性的统计工作,采用(   ),下级按照国家制订的报表制
    度,逐级将伤亡事故报表上报。
    A. 报告法   B. 直接法
    C. 加权法   D. 算数平均法

70. 事故常用的统计图不包括(   )。
    A. 趋势图   B. 排列图
    C. 柱状图   D. 饼图

二、多项选择题(共15题,每题2分。每题的备选项中,有2个或2个以上符合题意,至少有1个错项。错选,本题不得分;少选,所选的每个选项得0.5分)

71. 运用系统原理的原则包括(　　)。
    A. 动态相关性原则　　　　　　　　B. 整分合原则
    C. 动力原则　　　　　　　　　　　D. 反馈原则
    E. 封闭原则

72. 安全技术措施按照行业可分为(　　)。
    A. 煤矿安全技术措施　　　　　　　B. 非煤矿山安全技术措施
    C. 石油化工安全技术措施　　　　　D. 防火防爆安全技术措施
    E. 减少事故损失的安全技术措施

73. 事故隐患分为一般事故隐患和重大事故隐患。其中重大事故隐患是指(　　)。
    A. 发现后能够立即整改排除的隐患
    B. 危害和整改难度较大的隐患
    C. 经过一定时间整改治理方能排除的隐患
    D. 全部或者局部停产停业的隐患
    E. 因外部因素影响致使生产经营单位自身难以排除的隐患

74. 安全技术措施计划编制的内容包括(　　)。
    A. 开工日期　　　　　　　　　　　B. 人员配置情况
    C. 经费预算及来源　　　　　　　　D. 措施应用的单位
    E. 实施部门和负责人

75. 特种设备安全监察的主要内容包括(　　)。
    A. 特种设备设计、制造、安装、检验、修理、使用单位贯彻执行国家法律法规、标准和有关规定的情况
    B. 特种设备、特种设备操作人员及其他相应人员的持证上岗情况
    C. 参加或进行特种设备的事故调查
    D. 制订或参与审定有关特种设备安全技术规程、标准
    E. 参加特种设备事故的调查,提出处理意见

76. 人的工作动力来源于(　　)。
    A. 内在动力　　　　　　　　　　　B. 内部压力
    C. 外在动力　　　　　　　　　　　D. 外部压力
    E. 工作吸引力

77. 安全评价管理对评价对象的要求有(　　)。
    A. 法律法规、行政规章所规定的,存在事故隐患,可能造成伤亡事故的或其他有特殊要求的情况应进行安全评价,亦可根据实际需要自愿进行安全评价
    B. 应为安全评价机构创造必备的工作条件,如实提供所需的资料
    C. 安全评价机构与被评价单位存在投资咨询、工程设计、工程监理、工程咨询、物资供应等各种利益关系的,不得参与其关联项目的安全评价活动
    D. 任何部门和个人不得干预安全评价机构的正常活动,不得指定评价对象接受特定安全评价机构开展安全评价,不得以任何理由限制安全评价机构开展正常业务活动

E. 同一对象的安全预评价和安全验收评价,应由不同的安全评价机构分别承担

78. 为了对各种不同类别的危险物质可能出现的事故严重度进行评价,根据(   )原则建立了物质子类别同事故形态之间的对应关系,每种事故形态用一种伤害模型来描述。
   A. 最大危险   B. 概率求和
   C. 合理   D. 预防
   E. 安全

79. 系统的目标和任务主要包括(   )。
   A. 最大限度地减少发生重大事故的可能性及事故后造成的各项损失
   B. 重大危险源信息(包括多媒体及地理信息)的管理
   C. 为政府部门宏观管理和政府决策提供准确、全面、形象的信息、依据和手段,提高政府部门安全生产管理水平,促进重大事故隐患及重大危险源管理的规范化和科学化
   D. 重大危险源事故应急救援预案的形象表述
   E. 重大危险源危险程度评估的计算机辅助分析

80. 监测是预警活动的前提,其任务包括(   )。
   A. 对安全生产中的薄弱环节和重要环节进行全方位、全过程的监测
   B. 应用科学的监测指标体系实现监测过程的程序化、标准化和数据化
   C. 在生产过程中可能导致事故的安全管理薄弱环节和重要环节中收集各种事故征兆,并建立相应数据库
   D. 在诸多致灾因素中找出危险性最高、危害程度最严重的主要因素,并对其成因进行分析,对发展过程及可能的发展趋势进行准确、定量的描述
   E. 对大量的监测信息进行处理(整理、分类、存储、传输),建立信息档案,进行历史的和技术的比较

81. 将活动结果以信息的方式存入到监测系统中的环节包括(   )。
   A. 监测   B. 识别
   C. 诊断   D. 评价
   E. 组织准备

82. 日常监控活动的任务包括(   )。
   A. 组织准备   B. 日常对策
   C. 控制事态   D. 事故危机模拟
   E. 评估危害程度

83. 防止事故发生的安全技术措施包括(   )。
   A. 消除危险源   B. 个体防护
   C. 限制能量或危险物质   D. 隔离
   E. 减少故障和失误

84. 统计资料中的计量资料的特点包括(   )。
   A. 多为间断性资料   B. 通过枚举得来
   C. 有度量衡单位   D. 多为连续性资料
   E. 可通过测量得到

85. 伤亡事故统计经常用到的事故统计方法包括(　　　)。
    A. 综合分析法　　　　　　　B. 绝对指标比较法
    C. 算数平均法　　　　　　　D. 分组分析法
    E. 统计图表法

参 考 答 案

一、单项选择题

1. B	2. D	3. B	4. C	5. C
6. B	7. A	8. A	9. B	10. C
11. C	12. B	13. D	14. A	15. D
16. D	17. B	18. C	19. B	20. D
21. A	22. A	23. C	24. C	25. D
26. C	27. B	28. D	29. A	30. B
31. B	32. A	33. C	34. D	35. A
36. B	37. C	38. C	39. A	40. B
41. C	42. D	43. B	44. C	45. D
46. D	47. B	48. A	49. B	50. B
51. B	52. A	53. D	54. B	55. A
56. C	57. B	58. A	59. A	60. C
61. B	62. B	63. A	64. B	65. C
66. B	67. A	68. A	69. A	70. B

二、多项选择题

71. ABDE	72. ABC	73. BCDE	74. ACDE	75. ABC
76. ADE	77. ABDE	78. AB	79. BCDE	80. AE
81. BCD	82. BD	83. ACDE	84. CDE	85. ACDE

预测试卷(四)

一、单项选择题(共70题,每题1分。每题的备选项中,只有1个最符合题意)

1. 电路中设置的熔断器属于安全技术措施中的(　　)。
   A. 隔离
   B. 个体防护
   C. 设置薄弱环节
   D. 避难与救援

2. 根据系统安全工程的观点,危险是指(　　)。
   A. 人们对事物的具体认识,必须指明具体对象,如危险环境、危险条件、危险状态、危险物质、危险场所、危险人员、危险因素等
   B. 系统中存在导致发生不期望后果的可能性超过了人们的承受程度
   C. 可能造成人员伤害、疾病、财产损失、作业环境破坏或其他损失的根源或状态
   D. 危害和整改难度较大,应当全部或者局部停产停业,并经过一定时间整改治理方能排除的隐患

3. 下列选项中,(　　)是工业事故发生的主要原因。
   A. 容易发生事故的人员
   B. 发生事故次数多的人
   C. 事故频发倾向者的存在
   D. 非均等分布

4. 采用全面崩落法管理煤巷顶板,控制地压属于(　　)的屏蔽措施。
   A. 防止能量蓄积
   B. 控制能量释放
   C. 延缓释放能量
   D. 开辟释放能量渠道

5. 年度安全技术措施计划一般应与同年度的生产、技术、财务、供销等计划(　　)。
   A. 统一编制
   B. 分期编制
   C. 不同时编制
   D. 同时编制

6. 9万t以上至15万t(含15万t)煤矿企业的风险抵押金存储标准为(　　)万元。
   A. 100~150
   B. 150~200
   C. 200~250
   D. 250~300

7. 《安全生产法》规定,特种作业人员的范围由国务院负责安全生产监督管理的部门会同(　　)有关部门确定。
   A. 国家安全质检总局
   B. 国家安全生产委员会
   C. 国务院
   D. 人民大会

8. 当发生事故的概率不存在个体差异,即不存在事故频发倾向者时,一定时间内事故发生次数服从(　　)。
   A. 有害因素分布
   B. 泊松分布
   C. 非均等分布
   D. 偏倚分布

9. 安全生产标准化建设的核心是(　　)。
   A. 企业的机械设备
   B. 企业的教育培训
   C. 企业的每个员工
   D. 安全生产法律法规

10. 企业安全承诺的具体体现和安全文化建设的基础要求是(　　)。

A. 安全绩效评估系统　　　　　　　　　B. 企业的文化

C. 企业内部的行为规范　　　　　　　　D. 企业的资源

11. 下列选项中,消防安全管理制度不包括( )。

　　A. 定期防火检查　　　　　　　　　　B. 防火演练

　　C. 消防设施　　　　　　　　　　　　D. 专项预案

12. 关于采购进口特种设备应当符合的要求,说法不正确的是( )。

　　A. 压力管道元件的境外制造单位应当取得国家质检总局颁发的相应特种设备制造许可证

　　B. 大型游乐设施应当由该产品的生产商报请特种设备型式试验机构型式试验合格

　　C. 特种设备安全质量性能和能效指标符合中国特种设备安全技术规范、强制性标准的有关规定

　　D. 附有相关安全技术规范要求的设计文件、产品质量合格证明、安装及使用维修说明、检验证书等中文出厂文件

13. 安全技术档案的内容不包括( )。

　　A. 特种设备的设计文件　　　　　　　B. 产品质量合格证明

　　C. 特种设备的日常维修人员记录　　　D. 特种设备运行故障和事故记录

14. 劳动防护用品的分类方法不包括( )。

　　A. 防护用品性能　　　　　　　　　　B. 防护用途

　　C. 保护部位　　　　　　　　　　　　D. 防护强度

15. 国家对安全生产监督管理的( )首先源于法律的授权。

　　A. 强制性　　　　　　　　　　　　　B. 普遍约束性

　　C. 权威性　　　　　　　　　　　　　D. 法制性

16. 对已经受理的建设项目安全设施竣工验收申请,安全生产监督管理部门应当自受理之日起( )个工作日内作出是否合格的决定,并书面告知申请人。

　　A. 5　　　　　　　　　　　　　　　　B. 10

　　C. 15　　　　　　　　　　　　　　　D. 20

17. 监督检查的目的是预防事故的发生,其实现手段不包括( )。

　　A. 通过检验发现特种设备在设计、制造、安装、维修、改造中的影响产品安全性能的质量问题

　　B. 对检查发现的问题,用行政执法的手段纠正违法违规行为

　　C. 通过广泛宣传,提高全社会的安全意识和法规意识

　　D. 加强现场工作的监察

18. 安全预评价根据建设项目( )提供的生产工艺过程、使用和产出的物质、主要设备等,研究系统固有的危险及有害因素。

　　A. 建议书　　　　　　　　　　　　　B. 初步设计文件

　　C. 可行性研究报告　　　　　　　　　D. 初步设计中安全卫生专篇

19. 事故发生后,组织调查处理按照( )的原则,严肃处理事故。

　　A. "教育与惩罚相结合"　　　　　　　B. "领导责任制"

　　C. "过错性"　　　　　　　　　　　　D. "四不放过"

20. 对作业场所的监督检查,一般程序不包括(　　)。

    A. 监督检查前的准备

    B. 监督检查用人单位执行安全生产法律法规及标准的情况

    C. 作业现场检查

    D. 做好事故预防指导措施

21. (　　)的目的和作用在于提高用人单位各级管理人员和普通职工的安全意识,落实安全措施,对违章操作、违反劳动纪律的不安全行为,严肃纠正和处理。

    A. 技术监察   B. 设备监察

    C. 行为监察   D. 人员监察

22. 由上级主管部门或地方政府负有安全生产监督管理职责的部门组织,对生产单位进行的安全检查是指(　　)。

    A. 经常性安全生产检查   B. 定期安全生产检查

    C. 专业(项)安全生产检查   D. 综合性安全生产检查

23. 为政府安全生产管理、安全监察部门和行业主管部门等相关单位对评价对象的安全行为进行法律法规、标准的符合性判别所用,由第三方出具的技术性咨询文件是(　　)。

    A. 事故调查报告   B. 安全评价报告

    C. 可行性研究报告   D. 安全文化建设评价报告

24. 安全验收评价主要从评价对象的(　　)的建立与实际开展和演练有效性方面进行评价。

    A. 安全管理制度和事故应急预案   B. 安全对策措施

    C. 安全生产保障   D. 安装施工情况

25. 设备运动(静止)部件、工具、加工件直接与人体接触引起的夹击造成的伤亡事故属于(　　)。

    A. 物体打击   B. 车辆伤害

    C. 机械伤害   D. 起重伤害

26. 生产或者经营劳动防护用品的企业生产或经营假冒伪劣劳动防护用品和无安全标志的特种劳动防护用品的,安全生产监督管理部门或者煤矿安全监察机构责令停止违法行为,并处(　　)的罚款。

    A. 1 万元以下   B. 2 万元以下

    C. 3 万元以下   D. 4 万元以下

27. 煤矿(　　)的重点是瓦斯治理和停产整顿,是否安装监测系统等。

    A. 日常监察   B. 专项监察

    C. 重点监察   D. 定期监察

28. 安全生产监督管理的内容不包括(　　)。

    A. 安全管理和技术   B. 对女职工和未成年工特殊保护

    C. 机构设置和安全教育培训   D. 对生产设备的定期检查

29. 明确被评价对象,备齐有关安全评价所需的设备、工具,收集国内外相关法律法规、技术标准及工程、系统的技术资料是安全评价(　　)阶段的工作。

    A. 前期准备   B. 划分评价单元

C. 辨识与分析危险、有害因素   D. 定性、定量评价

30. 一旦危机状态恢复到可控状态,危机管理的任务便告完成,由(   )环节继续履行预控对策的任务。

    A. 日常监控   B. 组织准备

    C. 日常监测   D. 预警监控

31. 防止特大事故的第一步是以(   )为依据,确认或辨识重大危险源。

    A. 风险评价结果   B. 安全生产规章制度

    C. 国家行业标准   D. 重大危险源辨识标准

32. (   )活动,不仅是连接预警分析与预控对策活动的环节,也为整个事故预警管理系统提供组织运行规范。

    A. 组织准备   B. 日常监控

    C. 组织运行   D. 组织建设

33. 要想使预警分析不致因孤立、片面而得出错误的结论,每一次的分析应以上次的分析为基础,紧密衔接,才能确保预警分析的(   )和准确。

    A. 公开   B. 公正

    C. 连贯   D. 快速

34. 预警分析的活动内容主要是(   )。

    A. 对系统隐患的辨识

    B. 对事故征兆的不良趋势进行纠错

    C. 对事故征兆的不良趋势进行诊断

    D. 对各类事故的诊断

35. 人的安全可靠性指标不包括(   )。

    A. 心理因素   B. 内部环境

    C. 生理因素   D. 技术因素

36. 安全验收评价主要内容不包括(   )。

    A. 危险、有害因素的辨识与分析   B. 符合性评价和危险危害程度的评价

    C. 安全对策措施建议   D. 对类比工程进行实地调查

37. 按照安全评价的逻辑推理过程,安全评价方法的分类中包括(   )。

    A. 归纳推理评价法   B. 危险性分级安全评价方法

    C. 事故后果安全评价方法   D. 事故致因因素安全评价方法

38. 从长远看,低成本、高效率的(   )措施是减少事故损失的关键。

    A. 准备   B. 响应

    C. 预防   D. 恢复

39. 属地为主强调(   )的思想和以现场应急、现场指挥为主的原则。

    A. "升级"   B. "第一反应"

    C. "底线"   D. "响应"

40. 为应急机制的基础,也是整个应急体系基础的是(   )。

    A. 公众动员机制   B. 统一指挥

    C. 分级响应   D. 属地为主

41. 生产过程中产生的有害因素不包括(　　)。

A. 石棉尘　　　　　　　　　　　　B. 一氧化碳

C. 异常气压　　　　　　　　　　　D. 视力紧张

42. 编制安全技术措施计划时,要充分利用现有的设备和设施,体现了(　　)的原则。

A. 必要性　　　　　　　　　　　　B. 自力更生与勤俭节约

C. 可行性　　　　　　　　　　　　D. 轻重缓急与统筹安排

43. 最彻底的应急响应是(　　)。

A. 医疗与卫生　　　　　　　　　　B. 警戒与治安

C. 指挥与控制　　　　　　　　　　D. 人群疏散

44. 为了尽快地控制事故的发展,防止事故的蔓延和进一步扩大,从而最终控制住事故,并积极营救事故现场的受害人员是(　　)的目的。

A. 人群疏散　　　　　　　　　　　B. 警戒与治安

C. 抢险与救援　　　　　　　　　　D. 指挥与控制

45. 常用的安全评价方法中,(　　)是用来分析普通设备故障或过程波动(称为初始事件)导致事故发生的可能性。

A. 事件树分析方法　　　　　　　　B. 危险和可操作性研究方法

C. 故障类型和影响分析方法　　　　D. 作业条件危险性评价法

46. 因技术、工艺或者材料发生变化导致原申报的职业危害因素及其相关内容发生重大变化的,在技术、工艺或者材料变化之日起(　　)日内进行职业危害申报。

A. 10　　　　　　　　　　　　　　B. 15

C. 20　　　　　　　　　　　　　　D. 25

47. 矽肺患者在岗期间健康检查周期为(　　)。

A. 每1年检查1次　　　　　　　　　B. 每2年检查1次

C. 每3年检查1次　　　　　　　　　D. 每4年检查1次

48. 预警需要完成的任务是(　　)。

A. 通过对安全生产活动和安全管理进行监测与评价,警示安全生产过程中所面临的危害程度

B. 完成对各种事故征兆的监测、识别、诊断与评价,及时报警,并根据预警分析的结果对事故征兆的不良趋势进行矫正与控制

C. 根据事故征兆,预测事故的发生和发出警示

D. 超前反馈、及时布置、防风险于未然,最大限度地降低由于事故发生对生命造成的侵害,对财产造成的损失

49. 事故还在孕育和萌芽的时期,就能够通过细致的观察和研究,防微杜渐,提早做好各种防范的准备,这体现了安全生产预警机制的(　　)原则。

A. 及时性　　　　　　　　　　　　B. 引导性

C. 全面性　　　　　　　　　　　　D. 高效性

50. 一项复杂的人员营救活动中,受困人员陆续获救,从第一个受困人员获救之时起,其饮食、住宿、医疗救助等基本安全和卫生需求应当立即予以(　　)。

A. 预防　　　　　　　　　　　　　B. 响应

C. 准备　　　　　　　　　　　　　　　　D. 恢复

51. 事故应急救援体系的基本构成中,(　　)是全国安全生产应急管理体系的重要保障。

    A. 组织体系　　　　　　　　　　　　　B. 运行机制

    C. 法律法规体系　　　　　　　　　　　D. 支持保障系统

52. 职业病的预防办法中,(　　)是理想的方法,对整体的或选择的人群及人群健康和福利状态均能起根本的作用。

    A. 第一级预防　　　　　　　　　　　　B. 第二级预防

    C. 第三级预防　　　　　　　　　　　　D. 第四级预防

53. 一次完整的应急演练活动包括计划、准备、实施、评估总结和改进五个阶段,其中准备阶段的主要任务是(　　)。

    A. 明确演练需求,提出演练的基本构想和初步安排

    B. 评估总结演练参与单位在应急准备方面的问题和不足

    C. 完成演练策划,编制演练总体方案及其附件,进行必要的培训和预演

    D. 按照演练总体方案完成各项演练活动,为演练评估总结收集信息

54. 根据应急演练的(　　),经现场勘察后选择合适的演练场地。

    A. 评估标准和方法　　　　　　　　　　B. 情景事件和流程

    C. 方式和内容　　　　　　　　　　　　D. 目标和方案

55. 安全文化建设的操作步骤中,(　　)是推动企业安全文化建设不断更新、发展非做不可的事情。

    A. 建立机构　　　　　　　　　　　　　B. 制订规划

    C. 培养骨干　　　　　　　　　　　　　D. 宣传教育

56. 职业病发病以(　　)为主。

    A. 眼病　　　　　　　　　　　　　　　B. 耳鼻喉口腔疾病

    C. 尘肺病　　　　　　　　　　　　　　D. 皮肤病

57. 根据安全技术措施计划的项目范围,(　　)指改善对职工身体健康有害的生产环境条件、防止职业中毒与职业病的技术措施。

    A. 安全技术措施　　　　　　　　　　　B. 卫生技术措施

    C. 辅助措施　　　　　　　　　　　　　D. 安全宣传教育措施

58. 根据预警系统的组成,(　　)是预警系统主要的硬件部分。

    A. 监测系统　　　　　　　　　　　　　B. 预测评价系统

    C. 预警信息系统　　　　　　　　　　　D. 预警评价指标体系系统

59. Ⅳ级预警用蓝色表示(　　)。

    A. 安全状况特别严重　　　　　　　　　B. 处于事故的上升阶段

    C. 受到事故的严重威胁　　　　　　　　D. 生产活动处于正常生产状态

60. 企业特性和行业安全生产共性相统一的评价指标体系是(　　)的工具,以便完成预警系统的实现。

    A. 监测　　　　　　　　　　　　　　　B. 识别

    C. 诊断　　　　　　　　　　　　　　　D. 评价

61. 安全生产检查的类型中,(　　)是由生产经营单位的安全生产管理部门、车间、班组或岗位组织进行的日常检查。
    A. 定期安全生产检查
    B. 综合性安全生产检查
    C. 经常性安全生产检查
    D. 专业(项)安全生产检查

62. 统计图的类型中,(　　)用线条的升降表示事物的发展变化趋势,主要用于计量资料,描述两个变量间关系。
    A. 百分条图
    B. 线图
    C. 散点图
    D. 半对数线图

63. 反映频数分布集中位置的统计指标,只由所处中间位置的部分变量值计算所得,不能反映所有数值变化的是(　　)。
    A. 中位数
    B. 算术平均数
    C. 百分位数
    D. 几何平均数

64. 下列属于矿物性粉尘的是(　　)。
    A. 硅石
    B. 锡
    C. 木材
    D. 骨质

65. 用于概括和描述原始资料总体特征的是(　　)。
    A. 描述统计法
    B. 推理统计法
    C. 综合分析法
    D. 分组分析法

66. 因事故导致产值减少、资源破坏和受事故影响而造成其他损失的价值称为(　　)。
    A. 伤亡事故经济损失
    B. 直接经济损失
    C. 财产损失价值
    D. 间接经济损失

67. 先将总体的观察单位按某一顺序号分成 n 个部分,再从第一部分随机抽取第 k 号观察单位,依次用相等间距,从每一部分各抽取一个观察单位组成样本的抽样方法是(　　)。
    A. 整群抽样
    B. 分层抽样
    C. 系统抽样
    D. 单纯随机抽样

68. 统计资料的类型中,计数资料的特点是(　　)。
    A. 有度量衡单位,可通过测量得到,多为连续性资料
    B. 没有度量衡单位,通过枚举或记数得来,多为间断性资料
    C. 每一个观察单位没有确切值,各组之间有性质上的差别或程度上的不同
    D. 将全体观测单位按照某种性质或特征分组,然后再分别清点各组观察单位的个数

69. 将汇总整理的资料及有关数值填入统计表或绘制统计图,使大量的零星资料系统化、条理化、科学化的统计工作是(　　)。
    A. 设计
    B. 资料搜集
    C. 资料整理
    D. 综合分析

70. 用来收集和记录企业发生的每起事故的文献是(　　)。
    A.《企业安全文化建设评价报告》
    B.《生产安全事故统计报表制度》
    C.《生产经营单位生产安全事故应急预案评审指南(试行)》
    D.《生产安全事故报告和调查处理条例》

二、多项选择题(共 15 题,每题 2 分。每题的备选项中,有 2 个或 2 个以上符合题意,至少有 1 个错项。错选,本题不得分;少选,所选的每个选项得 0.5 分)

71. 运用预防原理的原则包括(   )。

    A. 偶然损失原则
    B. 能级原则
    C. 因果关系原则
    D. 3E 原则
    E. 本质安全化原则

72. 安全技术措施计划的项目范围,包括(   )。

    A. 改善劳动条件
    B. 防止事故
    C. 提高职工安全素质
    D. 措施预期效果及检查验收
    E. 预防职业病

73. 编制安全技术措施计划的基本原则包括(   )原则。

    A. 安全第一,预防为主
    B. 必要性和可行性
    C. 自力更生与勤俭节约
    D. 轻重缓急与统筹安排
    E. 领导和群众相结合

74. 安全生产监督管理部门的主要职责,包括(   )。

    A. 组织事故调查
    B. 事故信息发布
    C. 建立举报制度
    D. 配合地方政府建立应急救援体系
    E. 依法处理安全生产违法行为,实施行政处罚

75. 煤矿安全生产监察人员的职责包括(   )。

    A. 承办国务院、国务院安全生产委员会及国家安全生产监督管理总局交办的其他事项
    B. 参加有关安全会议,查阅有关资料,随时进入煤矿企业作业场所对煤矿企业安全管理工作进行监察
    C. 参与煤矿建设工程安全设施的设计审查和工程竣工验收
    D. 对不具备安全生产条件、存在隐患的煤矿企业下达整改通知书,责令限期整改
    E. 对事关煤矿安全的违法行为,依照有关规定作出行政处罚或提出处罚意见,对有关责任人员提出处理建议

76. 特种设备安全监察法规体系行政法规层次主要包括(   )。

    A.《特种设备安全监察条例》
    B.《安全生产法》
    C.《劳动法》
    D.《产品质量法》
    E.《危险化学品安全管理条例》

77. 故障树分析的基本程序包括(   )。

    A. 熟悉系统
    B. 确定目标值
    C. 确定顶上事件
    D. 研究故障类型的影响
    E. 定性分析

78. 企业安全文化建设基本要素包括(   )。

    A. 安全承诺
    B. 行为规范与程序
    C. 安全行为激励
    D. 安全信息传播与沟通

E. 安全知识培训

79. 事故的人员伤亡分为(   )。

　　A. 财产损失　　　　　　　　　　　B. 人员死亡数

　　C. 死亡率　　　　　　　　　　　　D. 重伤数

　　E. 轻伤数

80. 常用的减少事故损失的安全技术措施有(   )。

　　A. 消除危险源　　　　　　　　　　B. 隔离

　　C. 设置薄弱环节　　　　　　　　　D. 个体防护

　　E. 避难与救援

81. 依据国民经济行业分类类别和安全生产监管工作的现状,安全评价的业务范围划分为两大类,并根据实际工作需要适时调整,一类的安全评价业务有(   )。

　　A. 煤炭开采业　　　　　　　　　　B. 石油加工业

　　C. 金属矿采选业　　　　　　　　　D. 医药制造业

　　E. 火力发电业

82. 重大事故隐患报告的内容应当包括(   )。

　　A. 隐患的预防措施　　　　　　　　B. 隐患的现状及其产生原因

　　C. 隐患的危害程度分析　　　　　　D. 隐患整改难易程度分析

　　E. 隐患的治理方案

83. 类比法是通过(   )等,类推拟建项目作业场所职业危害因素的危害情况。

　　A. 职业危害因素的固有危害性　　　B. 健康检查与监护

　　C. 工作场所职业危害因素的浓度　　D. 职业病发病情况

　　E. 与拟建项目同类和相似工作场所检测

84. 计量资料可以采用(   )指标进行计算。

　　A. 频数分布　　　　　　　　　　　B. 集中趋势

　　C. 抽样误差　　　　　　　　　　　D. 离散趋势

　　E. 标准误差

85. 统计学中的重要概念包括(   )。

　　A. 计量资料　　　　　　　　　　　B. 随机抽样

　　C. 变异　　　　　　　　　　　　　D. 总体与样本

　　E. 变量

参 考 答 案

一、单项选择题

1. C	2. B	3. C	4. C	5. D
6. D	7. C	8. B	9. C	10. C
11. D	12. B	13. C	14. D	15. C
16. D	17. D	18. C	19. D	20. D
21. C	22. D	23. B	24. A	25. C
26. C	27. B	28. D	29. A	30. A
31. D	32. A	33. C	34. A	35. B
36. D	37. A	38. C	39. B	40. A
41. D	42. B	43. D	44. C	45. A
46. B	47. A	48. B	49. A	50. D
51. B	52. A	53. C	54. C	55. C
56. C	57. B	58. A	59. D	60. C
61. C	62. B	63. A	64. A	65. A
66. D	67. C	68. B	69. D	70. B

二、多项选择题

71. ACDE	72. ABCE	73. BCDE	74. ABCD	75. BCDE
76. AE	77. ABCE	78. ABCD	79. BDE	80. BCDE
81. ABCD	82. BCDE	83. BDE	84. BD	85. BCDE

预测试卷(五)

一、单项选择题(共70题,每题1分。每题的备选项中,只有1个最符合题意)

1. 为了不影响特大型、大型国有煤矿企业的生产经营资金周转,当企业风险抵押金累计达到(   )万元时不再存储。
   - A. 300
   - B. 400
   - C. 500
   - D. 600

2. "安全第一",就是在生产经营活动中,在处理保证安全与生产经营活动的关系上,要始终把安全放在首要位置,优先考虑从业人员和其他人员的人身安全,实行(   )的原则。
   - A. "预防为主"
   - B. "以人为本"
   - C. "四不放过"
   - D. "安全优先"

3. 下列属于运用预防原理原则的是(   )。
   - A. 3E 原则
   - B. 安全第一原则
   - C. 能级原则
   - D. 监督原则

4. 关于特种设备的安装,说法错误的是(   )。
   - A. 安装单位应具有国家级质量技术监督部门颁发的特种设备安装(维修)安全许可证
   - B. 安装单位应具有安装相应的安装经验
   - C. 生产经营单位应当委托具有相应资质的单位进行安装、改造、维修
   - D. 生产经营单位应当督促安装、改造、维修单位办理施工告知手续、申报监督检验

5. 无论事故损失的大小,都必须做好预防工作,体现了运用预防原理的(   )原则。
   - A. 因果关系
   - B. 3E
   - C. 偶然损失
   - D. 本质安全化

6. 当人体与某种形式的能量接触时,能否产生伤害及伤害的严重程度如何,主要取决于(   )。
   - A. 有害因素的本身的性质
   - B. 危害程度
   - C. 劳动者个体易感性
   - D. 作用于人体的能量的大小

7. 生产经营单位特种设备作业人员在证书有效期满前(   )日内,由申请人或者申请人的用人单位向原考核发证机关或者从业所在地考核发证机关提出申请。
   - A. 30
   - B. 45
   - C. 60
   - D. 90

8. 特种作业操作证每(   )年复审1次。
   - A. 1
   - B. 2
   - C. 3
   - D. 4

9. 有些水上监管机构,行政上归地方政府领导,业务上归海事局指导,实行(   )的监管方式。
   - A. 垂直监管
   - B. 省以下垂直管理
   - C. 国家监察与地方监管相结合
   - D. 垂直与分级相结合

10. 已经取得安全生产许可证的生产经营单位,在其被挂牌督办的重大事故隐患治理结束

前,( )应当对其加强监督检查。

    A. 安全生产管理部门   B. 安全生产技术部门

    C. 安全监管监察部门   D. 工商行政管理部门

11. 在国家安全监管总局发布的《特种劳动防护用品安全标志实施细则》中,明确了特种劳动防护用品目录及其( )。

    A. 作业环境   B. 安全标志管理

    C. 相应人员的持证上岗情况   D. 安全生产条件

12. 煤矿安全监察体制的特点不包括( )。

    A. 实行垂直管理   B. 监察和管理相结合

    C. 分区监察   D. 国家监察

13. 《安全生产违法行为行政处罚办法》规定,企业未按规定缴存和使用安全生产风险抵押金的,有关部门可以责令限期改正,对生产经营单位的主要负责人、个人经营的投资人处( )罚款。

    A. 3000 元以上 5000 元以下   B. 5000 元以上 1 万元以下

    C. 1 万元以上 2 万元以下   D. 1 万元以上 3 万元以下

14. 特种劳动防护用品安全标志管理的监督检查中,生产经营单位未按照国家有关规定为从业人员提供符合国家标准或者行业标准的劳动防护用品,配发无安全标志的特种劳动防护用品的,逾期未改正的,责令停产停业整顿,可以并处( )的罚款。

    A. 5 万元以下   B. 3 万元以下

    C. 4 万元以下   D. 2 万元以下

15. 特种劳动防护用品盾牌中间采用字母"LA"表示( )。

    A. 防护   B. 标识编号

    C. 劳动安全   D. 使用等级

16. 常用的减少事故损失的安全技术措施中,( )是一种不得已的措施,却是保护人身安全的最后一道防线。

    A. 隔离   B. 设置薄弱环节

    C. 个体防护   D. 避难与救援

17. 编制安全技术措施计划时,对影响最大、危险性最大的项目应优先考虑,逐步有计划地解决,体现了( )。

    A. 必要性和可行性原则   B. 自力更生与勤俭节约的原则

    C. 领导和群众相结合的原则   D. 轻重缓急与统筹安排的原则

18. 根据安全技术措施计划的项目范围,( )指保证工业卫生方面所必需的房屋及一切卫生性保障措施。

    A. 安全技术措施   B. 卫生技术措施

    C. 辅助措施   D. 安全宣传教育措施

19. 对已经受理的建设项目安全设施设计审查申请,安全生产监督管理部门应当自受理之日起( )个工作日内作出是否批准的决定,并书面告知申请人。

    A. 5   B. 7

    C. 15   D. 20

20. 特种设备安全监察的方式不包括(　　)。

A. 行政许可制度　　　　　　　　　　B. 人员监察制度

C. 监督检查制度　　　　　　　　　　D. 事故应对和调查处理

21. 生产安全事故发生后的应急救援,以及调查处理,查明事故原因,严肃处理有关责任人员,提出防范措施,属于(　　)的监督管理。

A. 事前　　　　　　　　　　　　　　B. 事中

C. 事后　　　　　　　　　　　　　　D. 预防

22. 生产经营单位除主要负责人、安全生产管理人员、特种作业人员以外的从业人员的安全培训工作,由(　　)组织实施。

A. 生产经营单位　　　　　　　　　　B. 县级安全生产监督管理部门

C. 市级安全生产监督管理部门　　　　D. 省级煤矿安全监察机构

23. 煤矿、非煤矿山、危险化学品、烟花爆竹等生产经营单位新上岗的从业人员安全培训时间不得少于(　　)学时。

A. 24　　　　　　　　　　　　　　　B. 32

C. 48　　　　　　　　　　　　　　　D. 72

24. 根据安全评价程序,在(　　)的基础上,划分评价单元。

A. 前期准备　　　　　　　　　　　　B. 辨识和分析危险、有害因素

C. 定性、定量评价　　　　　　　　　D. 安全对策措施建议

25. 安全评价按照实施阶段的不同进行的分类不包括(　　)。

A. 安全准备评价　　　　　　　　　　B. 安全预评价

C. 安全验收评价　　　　　　　　　　D. 安全现状评价

26. 按照安全评价要达到的目的,安全评价方法的分类中包括(　　)。

A. 归纳推理评价法　　　　　　　　　B. 危险性分级安全评价方法

C. 演绎推理评价法　　　　　　　　　D. 概率风险评价法

27. 可以运用在工程项目的各个阶段,可以在详细的设计方案完成之前运用,也可以在现有装置危险分析计划制定之前运用的安全评价方法是(　　)。

A. 危险指数方法　　　　　　　　　　B. 预先危险分析方法

C. 安全检查表方法　　　　　　　　　D. 故障假设分析方法

28. 可用于在役装置,作为确定工艺操作危险性的依据是(　　)。

A. 安全检查表方法　　　　　　　　　B. 危险指数方法

C. 预先危险分析方法　　　　　　　　D. 故障假设分析方法

29. 按照(　　),安全评价方法可分为事故致因因素安全评价方法、危险性分级安全评价方法和事故后果安全评价方法。

A. 安全评价的逻辑推理过程　　　　　B. 安全评价给出的定量结果的类别不同

C. 安全评价要达到的目的　　　　　　D. 安全评价结果的量化程度

30. 发生事故的根源是(　　)。

A. 设施或系统中储存或使用易燃、易爆或有毒物质

B. 危险品的固有性质

C. 设施中实际存在的危险品数量

D. 失控的偶然事件

31. 权重分与状态分的( )即为该类物质危险感度的评价值,亦即危险物质事故易发性的评分值。

    A. 总和
        B. 商值

    C. 总差
        D. 乘积

32. 预警系统的预警评价指标体系系统主要完成( )的确定。

    A. 指标的选取、预警准则和阈值
    B. 具体警情

    C. 有关信息
        D. 运行数据

33. 建立预警评价指标体系的目的是( )。

    A. 生产出合格的产品(工程)

    B. 使信息定量化、条理化和可操作化

    C. 确定企业的质量目标,制订企业规划和建立健全企业的质量保证体系

    D. 对质量管理预警就是针对生产过程中存在的质量问题,质量水平提高过程中的不当、错误、失误现象进行预警

34. 如果一种危险物具有多种事故形态,且它们的事故后果相差大,则按后果最严重的事故形态考虑体现了事故严重度评价的( )原则。

    A. 概率求和
        B. 全面性

    C. 最大危险
        D. 预见性

35. Ⅰ级预警用红色表示( )。

    A. 处于事故的上升阶段
    B. 安全状况特别严重

    C. 受到事故的严重威胁
    D. 生产活动处于正常生产状态

36. 监测活动的主要对象是( )。

    A. 应用科学的监测指标体系实现监测过程的程序化、标准化和数据化

    B. 对生产中的薄弱环节和重要环节进行全方位、全过程的监测

    C. 生产过程中可能导致事故的安全管理薄弱环节和重要环节

    D. 对大量的监测信息进行处理(整理、分类、存储、传输),建立信息档案,进行历史的和技术的比较

37. 应急救援工作的重要任务是( )。

    A. 立即组织营救受害人员,组织撤离或者采取其他措施保护危害区域内的其他人员

    B. 迅速控制事态,并对事故造成的危害进行检测、监测,测定事故的危害区域、危害性质及危害程度

    C. 查清事故原因,评估危害程度

    D. 及时控制住造成事故的危险源

38. 预警系统信号中,( )表示处于事故的上升阶段,用黄色表示。

    A. Ⅰ级预警
        B. Ⅱ级预警

    C. Ⅲ级预警
        D. Ⅳ级预警

39. 新从业人员的三级安全生产教育培训时间不得少于( )学时。

    A. 24
        B. 32

    C. 45
        D. 48

40. 含有游离二氧化硅的粉尘,能引起严重的( )。

　　A. 矽肺 　　　　　　　　　　　　　B. 口腔疾病

　　C. 煤工尘肺 　　　　　　　　　　　D. 皮肤病

41. 下列属于人工无机性粉尘的是( )。

　　A. 棉 　　　　　　　　　　　　　　B. 玻璃纤维

　　C. 兽毛 　　　　　　　　　　　　　D. 无机燃料

42. 为了保证迅速对事故作出有效的初始响应,并及时控制住事态,应急救援工作应坚持
( )的原则,强调地方的应急准备工作。

　　A. 分级监管 　　　　　　　　　　　B. 公众动员

　　C. 统一指挥 　　　　　　　　　　　D. 属地化为主

43. 下列预案中,( )可以作为应急救援工作的基础和"底线"。

　　A. 专项预案 　　　　　　　　　　　B. 综合预案

　　C. 现场处置预案 　　　　　　　　　D. 应急预案

44. 2006 年 9 月 20 日国家安全生产监督管理总局颁布了《生产经营单位安全生产事故应急
预案编制导则》(AQ/T 9002—2006),其作用是( )。

　　A. 建立起较为完善的安全监管体系

　　B. 明确了各类突发公共事件分级分类和预案框架体系

　　C. 指导预防和处置各类突发公共事件的规范性文件

　　D. 明确了应急预案应包含的内容和编制要求,为应急预案的规范化建设提供了依据

45. 发生于高原低氧环境下的一种疾病是( )。

　　A. 减压病 　　　　　　　　　　　　B. 高原病

　　C. 中暑 　　　　　　　　　　　　　D. 放射病

46. 急性减压病主要发生在潜水作业后,主要表现为( )。

　　A. 热痉挛 　　　　　　　　　　　　B. 皮肤奇痒

　　C. 热衰竭 　　　　　　　　　　　　D. 高原脑水肿

47. 生产性噪声引起的职业病是( )。

　　A. 听力减退 　　　　　　　　　　　B. 神经痛

　　C. 噪声聋 　　　　　　　　　　　　D. 白内障

48. 不属于低气压环境的是( )。

　　A. 高山 　　　　　　　　　　　　　B. 高地

　　C. 高原 　　　　　　　　　　　　　D. 高空

49. 重症中暑出现的症状不包括( )。

　　A. 皮肤干燥无汗 　　　　　　　　　B. 体温在 40℃以上

　　C. 昏倒或痉挛 　　　　　　　　　　D. 骨骼酸痛

50. 劳动者一般在接触矽尘( )年发病。

　　A. 3 ~ 5 　　　　　　　　　　　　　B. 3 ~ 8

　　C. 5 ~ 10 　　　　　　　　　　　　D. 5 ~ 12

51. 建立安全生产预警机制的原则中,( )主要体现在监测、识别、判断、评价和对策等
方面。

A. 及时性原则 B. 全面性原则

C. 高效性原则 D. 引导性原则

52. 面对应急救援事故,(　　)有助于提高快速反应能力。

　　A. 加强协调组织能力 B. 进行客观的事故调查

　　C. 建立统一的指挥中心 D. 合理开展由应急各方参加的应急演习

53. 根据事故应急救援体系的基本构成,(　　)是应急体系的法制基础和保障。

　　A. 运行机制 B. 组织体系

　　C. 法律法规体系 D. 支持保障系统

54. 应急程序中的(　　)在应急救援中起着非常重要的决策支持作用。

　　A. 通信 B. 事态监测与评估

　　C. 警戒与治安 D. 人群疏散与安置

55. 为了普及宣传应急知识而组织的观摩性演练是(　　)。

　　A. 示范性演练 B. 单项演练

　　C. 检验性演练 D. 研究型演练

56. 事故调查组的组成应当遵循(　　)的原则。

　　A. 政府统一领导、分级负责 B. 精简、效能

　　C. 及时、快捷 D. 精准、功效

57. 应急演练活动的实施阶段的主要任务是(　　)。

　　A. 明确演练需求,提出演练的基本构想和初步安排

　　B. 按照演练总体方案完成各项演练活动,为演练评估总结收集信息

　　C. 完成演练策划,编制演练总体方案及其附件

　　D. 评估总结演练参与单位在应急准备方面的问题和不足

58. 下列选项中,不属于伤害(或破坏)范围评价法的是(　　)。

　　A. 气体绝热扩散模型 B. 马尔可夫模型

　　C. 液体泄漏模型 D. 蒸气云爆炸超压破坏模型

59. 被列为国家法定职业病的不包括(　　)。

　　A. 慢性内照射放射病 B. 慢性外照射放射病

　　C. 内照射放射病 D. 外照射皮肤放射损伤

60. 高温强热辐射作业的特点是(　　)。

　　A. 气温高、湿度大,热辐射强度不大

　　B. 气温高、热辐射强度大,相对湿度低

　　C. 易受太阳的辐射作用

　　D. 气温高、热辐射强度大,相对湿度高

61. 常用的抽样方法中,分层抽样的优点是(　　)。

　　A. 便于组织、节省经费

　　B. 易于理解、简便易行

　　C. 样本代表性好,抽样误差减少

　　D. 操作简单,均数、率及相应的标准误计算简单

62. 在通常情况下,发病率的分母泛指(　　)。

A. 该时点受检人口数   B. 同期内新发生例数

C. 观察期内某病患者数   D. 一般平均人口数

63. 事故常用的统计图中的(　　)能够直观地反映不同分类项目所造成的伤亡事故指标大小比较。

     A. 趋势图   B. 直方图

     C. 饼图   D. 柱状图

64. 各种抽样方法的抽样误差一般是(　　)。

     A. 单纯随机抽样≥整群抽样≥系统抽样≥分层抽样

     B. 整群抽样≥系统抽样≥单纯随机抽样≥分层抽样

     C. 整群抽样≥单纯随机抽样≥系统抽样≥分层抽样

     D. 分层抽样≥单纯随机抽样≥系统抽样≥整群抽样

65. 通过随机抽样方法从总体中随机抽取一定数量具代表性的观察单位组成的样本进行调查,然后根据样本信息来推断总体特征的调查方法是(　　)。

     A. 普查   B. 典型调查

     C. 抽样调查   D. 直接观察法

66. 计数资料可采用的分析方法有相对数计算、二项分布和(　　)。

     A. x_3 检验   B. x_1 检验

     C. x_2 检验   D. x_4 检验

67. 用途很广的一种假设检验方法是(　　)。

     A. 相对数计算   B. 二项分布

     C. x_1 检验   D. 卡方检验

68. 不属于事故统计的基本任务的是(　　)。

     A. 通过合理地收集与事故有关的资料、数据,找出事故发生的规律和事故发生的原因

     B. 对每起事故进行统计调查,弄清事故发生的情况和原因

     C. 对一定时间内、一定范围内事故发生的情况进行测定

     D. 根据大量统计资料,借助数理统计手段,对一定时间内、一定范围内事故发生的情况、趋势以及事故参数的分布进行分析、归纳和推断

69. 同一组对象,观察每一个个体对两种分类方法的表现,结果构成双向交叉排列的统计表是(　　)。

     A. 四格表   B. 列联表

     C. 复合表   D. 简单表

70. 从一个较大的资料总体中抽取的样本来推断结论的方法称为(　　)。

     A. 描述统计法   B. 统计图表法

     C. 推理统计法   D. 综合分析法

二、多项选择题(共15题,每题2分。每题的备选项中,有2个或2个以上符合题意,至少有1个错项。错选,本题不得分;少选,所选的每个选项得0.5分)

71. 造成人的不安全行为和物的不安全状态的原因有(　　)。

     A. 常识原因   B. 技术原因

     C. 教育原因   D. 身体和态度原因

E. 管理原因

72. "以人为本、安全发展"重点包含的含义指(　　)。
    A. "以人为本"必须要以人的生命为本
    B. 构建社会主义和谐社会必须解决安全生产问题
    C. 经济社会发展必须以安全为基础、前提和保障
    D. 要发展生产力,最重要的就是要充分发挥劳动者的作用
    E. 生产的发展取决于生产力和生产关系的发展,而生产力的发展是决定性的因素

73. 常用的危险指数评价法包括(　　)。
    A. 设备(设施或工艺)故障率评价法
    B. 易燃、易爆、有毒重大危险源评价法
    C. 道化学公司火灾、爆炸危险指数评价法
    D. 蒙德火灾爆炸毒性指数评价法
    E. 人员失误率评价法

74. 安全生产的外部环境预警系统,包括(　　)。
    A. 技术工艺、装备等物的因素变化预警
    B. 自然环境变化的预警
    C. 政策法规变化的预警
    D. 设备管理预警
    E. 质量管理预警

75. 安全生产应急管理体系建设应遵循(　　)建设原则。
    A. 一专多能,平战结合   B. 统筹规划,合理布局
    C. 统一领导,分级管理   D. 着眼实战、讲求实效
    E. 条块结合,属地为主

76. 事故后果安全评价方法可以直接给出定量的事故后果,给出的事故后果包括(　　)等。
    A. 系统事故发生的概率   B. 事故的伤害(或破坏)范围
    C. 事故的损失或定量的系统危险性   D. 系统事故发生的速率
    E. 事故的发生范围

77. 故障假设分析方法比较简单,其主要内容包括(　　)。
    A. 提出的问题   B. 分析的准备
    C. 回答可能的后果   D. 元素故障的类型分析
    E. 消除危险性的安全措施

78. 安全文化的层次分为(　　)。
    A. 客观的浅层文化   B. 直观的表层文化
    C. 企业安全管理体制的中层文化   D. 安全体系形成的高层文化
    E. 安全意识形态的深层文化

79. 安全生产风险抵押金管理必须做到(　　)。
    A. 专户存储   B. 单独核算
    C. 专款专用   D. 一对一管理

E. 严禁挪用

80. 预测系统的功能是进行必要的未来预测,主要包括( )。
   A. 对现有信息的趋势预测
   B. 对相关因素的相互影响进行预测
   C. 对征兆信息的可能结果进行预测
   D. 对偶发事件的发生地点进行预测
   E. 对偶发事件的发生概率进行预测

81. 现场指挥系统的组织结构包括( )。
   A. 行动部
   B. 策划部
   C. 事故指挥官
   D. 资金/行政部
   E. 保障部

82. 应急演练按其目的与作用,可以分为( )。
   A. 综合性演练
   B. 单一性演练
   C. 检验性演练
   D. 研究性演练
   E. 示范性演练

83. 安全生产规章制度建设的原则,包括( )。
   A. 系统性原则
   B. 规范化和标准化原则
   C. 主要负责人负责的原则
   D. 监督原则
   E. 坚持"安全第一,预防为主,综合治理"的原则

84. 伤亡事故的间接经济损失的统计范围,包括( )。
   A. 现场抢救费用
   B. 停产、减产损失价值
   C. 资源损失价值
   D. 工作损失价值
   E. 处理环境污染的费用

85. 在抽样方法中,关于单纯随机抽样的表述正确的有( )。
   A. 操作简单,均数、率及相应的标准误计算简单
   B. 总体较大时,难以一一编号
   C. 是将调查总体全部观察单位编号,再用抽签法或随机数字表随机抽取部分观察单位组成样本
   D. 易于理解、简便易行
   E. 总体有周期或增减趋势时,易产生偏性

参 考 答 案

一、单项选择题

1. D	2. D	3. A	4. A	5. C
6. D	7. C	8. C	9. D	10. C
11. B	12. B	13. B	14. A	15. C
16. C	17. D	18. C	19. D	20. B
21. C	22. A	23. D	24. B	25. A
26. B	27. A	28. B	29. C	30. A
31. D	32. A	33. B	34. C	35. B
36. C	37. D	38. C	39. A	40. A
41. B	42. D	43. B	44. D	45. B
46. B	47. C	48. B	49. D	50. C
51. B	52. C	53. C	54. B	55. A
56. B	57. B	58. B	59. A	60. B
61. C	62. D	63. D	64. C	65. C
66. C	67. D	68. A	69. B	70. C

二、多项选择题

71. BCDE	72. ABC	73. BCD	74. ABC	75. ABCE
76. ABC	77. ACE	78. BCE	79. ABCE	80. ABCE
81. ABCD	82. CDE	83. ABCE	84. BCDE	85. ABC

预测试卷(六)

一、单项选择题(共70题,每题1分。每题的备选项中,只有1个最符合题意)

1. 特种设备在投入使用前或者投入使用后( )日内,生产经营单位应当向直辖市或者设区的市的特种设备安全监督管理部门登记。
    A. 30 　　　　　　　　　　　　　　B. 45
    C. 60 　　　　　　　　　　　　　　D. 90

2. 本质安全是生产中( )的根本体现,也是安全生产的最高境界。
    A.“安全第一,预防为主,综合治理”
    B.“安全发展”
    C.“坚持节约发展、清洁发展、安全发展,实现可持续发展”
    D.“预防为主”

3. 安全生产管理工作应该做到( ),通过有效的管理和技术手段,减少和防止人的不安全行为和物的不安全状态,从而使事故发生的概率降到最低。
    A. 安全第一 　　　　　　　　　　B. 预防为主
    C. 综合治理 　　　　　　　　　　D. 行为与技术监察相结合

4. 运用人本原理的原则中,以科学的手段,激发人的内在潜力,使其充分发挥积极性、主动性和创造性,这就是( )。
    A. 行为原则 　　　　　　　　　　B. 激励原则
    C. 能级原则 　　　　　　　　　　D. 动力原则

5. 生产经营单位特种设备作业人员应具备的条件不包括( )。
    A. 持证上岗
    B. 按照规程进行操作
    C. 定期接受安全、节能教育和培训
    D. 在证书有效期满前30日内,由申请人或者申请人的用人单位向原考核发证机关或者从业所在地考核发证机关提出申请

6. 生产经营单位应当在检验有效期满( )个月前向特种设备检验检测机构申报定期检验。
    A. 1 　　　　　　　　　　　　　　B. 2
    C. 3 　　　　　　　　　　　　　　D. 4

7. 安全规章制度体系的人员安全管理制度不包括( )。
    A. 安全教育培训制度 　　　　　　B. 安全工器具的使用管理制度
    C. 安全生产责任制度 　　　　　　D. 岗位安全规范

8. 下列选项中,不属于安全规章制度体系的环境安全管理制度是( )。
    A. 安全标志管理制度 　　　　　　B. 作业环境管理制度
    C. 职业卫生管理制度 　　　　　　D. 消防安全管理制度

9. 建立水闸墙防止高势能地下水突然涌出属于( )的屏蔽措施。

A. 防止能量蓄积   B. 限制能量

C. 延缓释放能量   D. 控制能量释放

10. 作为一种事故致因理论,强调人的因素和物的因素在事故致因中占有同样重要地位的是( )。

    A. 系统安全理论   B. 事故致因理论

    C. 轨迹交叉理论   D. 安全生产风险管理理论

11. 《安全生产法》规定,生产经营单位应当具备安全生产条件所必需的( )。

    A. 资金投入   B. 技术投入

    C. 人力投入   D. 资本投入

12. 减少事故的安全技术措施中,锅炉上的易熔塞属于( )。

    A. 隔离   B. 个体防护

    C. 设置薄弱环节   D. 避难与救援

13. 煤矿安全监察的方式不包括( )。

    A. 日常监察   B. 重点监察

    C. 不定期监察   D. 专项监察

14. 特种设备安全生产监察机构的职责不包括( )。

    A. 制定或参与审定有关特种设备的安全技术规程、标准

    B. 检查特种设备的使用情况,制止违章指挥、违章操作的行为

    C. 依法制止操作不灵活的特种设备

    D. 监督有关单位对特种设备操作人员的培训和考试,核发合格证

15. 根据《安全生产法》规定,矿山、建筑施工单位和危险物品的生产、经营、储存单位,以及从业人员超过( )人的其他生产经营单位,应当设置安全生产管理机构。

    A. 100   B. 200

    C. 300   D. 400

16. 在系统、设施、设备的一部分发生故障或破坏的情况下,在一定时间内也能保证安全的技术措施称为( )。

    A. 故障—安全设计   B. 设计—安全设计

    C. 失误—安全功能   D. 故障—安全功能

17. 建设项目安全设施建成后,( )应当对安全设施进行检查,对发现的问题及时整改。

    A. 设计单位   B. 施工单位

    C. 监理单位   D. 生产经营单位

18. 危险物品的生产、经营、储存单位以及矿山、烟花爆竹、建筑施工单位主要负责人安全资格每年再培训时间不得少于( )学时。

    A. 8   B. 16

    C. 32   D. 48

19. 防止事故发生的安全技术措施中,( )是一种常用的控制能量或危险物质的安全技术措施。

    A. 消除危险源   B. 隔离

    C. 限制能量或危险物质   D. 故障—安全设计

20. 按照评价对象的不同,安全评价方法的分类中包括(　　)。
    A. 系统危险性评价法　　　　　　　　B. 危险性分级安全评价方法
    C. 事故后果安全评价方法　　　　　　D. 概率风险评价法

21. 烟花爆竹生产经营单位的新从业人员每年接受再培训的时间不得少于(　　)学时。
    A. 20　　　　　　　　　　　　　　　B. 24
    C. 32　　　　　　　　　　　　　　　D. 48

22. 获取安全评价机构资质的程序中,材料核查以(　　)人为1组。
    A. 2　　　　　　　　　　　　　　　B. 3
    C. 4　　　　　　　　　　　　　　　D. 5

23. 建设项目竣工后,根据规定建设项目需要试运行的,应当在正式投入生产或者使用前进行试运行,且试运行时间应当不少于30日,最长不得超过(　　)日,国家有关部门有规定或者特殊要求的行业除外。
    A. 120　　　　　　　　　　　　　　B. 150
    C. 180　　　　　　　　　　　　　　D. 210

24. 针对某一时期的煤矿安全工作重点,组织(　　)。
    A. 日常监察　　　　　　　　　　　　B. 专项监察
    C. 重点监察　　　　　　　　　　　　D. 定期监察

25. 安全预评价报告中属于目的内容的是(　　)。
    A. 全面、概括地反映安全预评价过程的全部工作
    B. 提出的资料清楚可靠,论点明确,利于阅读和审查
    C. 结合评价对象的特点阐述编制安全预评价报告
    D. 安全验收评价工作过程形成的成果

26. 通过定性或定量分析给出系统危险性的安全评价方法是(　　)。
    A. 危险性分级安全评价　　　　　　　B. 伤害(或破坏)范围评价法
    C. 概率风险评价法　　　　　　　　　D. 事故致因因素安全评价

27. 下列不属于对新建、改建、扩建项目设计阶段危险、有害因素识别的是(　　)。
    A. 当消除危险、有害因素有困难时,对是否采取了预防性技术措施进行考查
    B. 安全现状综合评价可针对行业和专业的特点及行业和专业制订的安全标准、规程进行分析、识别
    C. 在无法消除、预防、减弱的情况下,对是否将人员与危险、有害因素隔离等进行考查
    D. 在易发生故障和危险性较大的地方,对是否设置了醒目的安全色、安全标志和声、光警示装置等进行考查

28. 根据评价单元的特征,选择合理的评价方法,对评价对象发生事故的可能性及其严重程度进行(　　)。
    A. 辨识与分析　　　　　　　　　　　B. 安全对策整改
    C. 定性、定量评价　　　　　　　　　D. 实地考查

29. 下列属于人工有机粉尘的是(　　)。
    A. 有机燃料　　　　　　　　　　　　B. 玻璃纤维
    C. 角质　　　　　　　　　　　　　　D. 煤尘

30. 长期接触红外辐射而引起的常见职业病是( )。
    A. 皮肤病　　　　　　　　　　B. 白内障
    C. 尘肺病　　　　　　　　　　D. 矽肺

31. 作为防止事故发生和减少事故损失的安全技术措施,( )是发现系统故障和异常的重要手段。
    A. 备案管理系统　　　　　　　B. 预警分析系统
    C. 安全监控系统　　　　　　　D. 预控对策系统

32. 监测过程的主要工作手段是( )。
    A. 生产过程中可能导致事故的安全管理薄弱环节和重要环节,收集各种事故征兆,并建立相应数据库
    B. 应用科学的监测指标体系实现监测过程的程序化、标准化和数据化
    C. 对生产中的薄弱环节和重要环节进行全方位、全过程的监测
    D. 对大量的监测信息进行处理(整理、分类、存储、传输),建立信息档案,进行历史的和技术的比较

33. 识别的主要任务是( )。
    A. 针对本企业(或行业)事故的基本情况和事故的发展趋势而建立起来的识别指标
    B. 运用评价指标体系对监测信息进行分析,以识别生产活动中各类事故征兆、事故诱因,以及将要发生的事故的活动趋势
    C. 应用"适宜"的识别指标,判断已经发生的异常征兆、可能的连锁反应
    D. 针对生产在特定条件下应该实现的事故控制绩效

34. 诊断的主要任务是( )。
    A. 在诸多致灾因素中找出危险性最高、危害程度最严重的主要因素,并对其成因进行分析,对发展过程及可能的发展趋势进行准确定量的描述
    B. 选用企业特性和行业安全生产共性相统一的评价指标体系
    C. 判断已经发生的异常征兆、可能的连锁反应
    D. 通过对各种客观的事故记录进行整理、分析和归纳,必要时咨询专家的意见

35. 组织准备是指( )。
    A. 确定预警系统的组织构成、职能分配及运行方式
    B. 开展预警分析和对策行动的组织保障活动
    C. 事故状态时的管理提供组织训练与对策准备
    D. 本着效能统一的原则进行的系统组织重构,即在原企业组织中设置新的预警管理部门,预警管理部门对其他部门具有监督、控制和纠错的职能

36. 单指标监控是日常性单指标的( )。
    A. 系统监测和控制　　　　　　B. 综合监控
    C. 技术监控　　　　　　　　　D. 事故危机监控

37. 在各类有机非电解质之间,其毒性大小依次为( )。
    A. 芳烃 > 醇 > 酮 > 环烃 > 脂肪烃　　B. 醇 > 芳烃 > 酮 > 环烃 > 脂肪烃
    C. 芳烃 > 酮 > 醇 > 环烃 > 脂肪烃　　D. 芳烃 > 醇 > 环烃 > 酮 > 脂肪烃

38. 建设项目职业危害预评价方法不包括( )。

A. 检查表法   B. 类比法

C. 定量法   D. 定性法

39. 开展应急救援工作的重要前提保障是有关应急救援的(　　)。

    A. 法律法规   B. 资源分析

    C. 危险分析   D. 应急准备

40. 应急救援工作的重要保障是(　　)。

    A. 机构与职责   B. 应急资源的准备

    C. 互助协议   D. 教育、训练与演习

41. 生产经营单位名称、法定代表人或者主要负责人发生变化的,在发生变化之日起(　　)日内进行申报。

    A. 10   B. 15

    C. 20   D. 30

42. 危险、有害因素辨识方法中,(　　)是利用相同或相似工程系统或作业条件的经验和劳动安全卫生的统计资料来类推、分析评价对象的危险、有害因素。

    A. 类比方法   B. 直观经验分析方法

    C. 对照、经验法   D. 客观分析法

43. 按照(　　),安全评价方法可分为设备(设施或工艺)故障率评价法、人员失误率评价法、物质系数评价法、系统危险性评价法等。

    A. 安全评价的逻辑推理过程   B. 安全评价结果的量化程度

    C. 安全评价要达到的目的   D. 安全评价对象的不同

44. 常用的安全评价方法中,(　　)是系统安全工程的一种方法。

    A. 危险和可操作性研究方法   B. 作业条件危险性评价法

    C. 故障类型和影响分析方法   D. 定量风险评价方法

45. 工作地点、在一个工作日内、任何时间有毒化学物质均不应超过的浓度为(　　)。

    A. 超限倍数   B. 最高容许浓度

    C. 短时间接触容许浓度   D. 时间加权平均容许浓度

46. 在职业活动中,接触氯乙烯可引起(　　)。

    A. 氟骨症   B. 肢端溶骨症

    C. 矽肺   D. 皮肤黑变病

47. 生产性粉尘的种类繁多,理化性状不同,对人体所造成的危害也是多种多样的,能够导致局部刺激性的粉尘,不包括(　　)。

    A. 水泥粉尘   B. 烟草粉尘

    C. 漂白粉粉尘   D. 大麻粉尘

48. 可促进毒物挥发,增加人体吸收毒物速度的生产条件是(　　)。

    A. 高温   B. 气压

    C. 湿度   D. 气流

49. 强烈的(　　)辐射可引起皮炎,皮肤接触沥青后再经其照射,能发生严重的光感性皮炎。

    A. 红外线   B. 激光

C. 紫外线   D. X 线机

50. 预警指标按( )层次可分为潜在指标和显现指标两类。
    A. 管理   B. 技术
    C. 信息   D. 功能

51. 预警系统信号中,Ⅱ级预警,表示( )。
    A. 安全状况特别严重,用红色表示
    B. 受到事故的严重威胁,用橙色表示
    C. 处于事故的上升阶段,用黄色表示
    D. 生产活动处于正常生产状态,用蓝色表示

52. 预警系统活动中,( )是运用评价指标体系对监测信息进行分析,以识别生产活动中各类事故征兆、事故诱因,以及将要发生的事故活动趋势。
    A. 监测   B. 识别
    C. 诊断   D. 评价

53. 对已被确认的主要事故征兆进行描述性( ),以明确生产活动在这些事故征兆现象冲击下会遭受什么样的打击,判断此时生产所处状态。
    A. 监测   B. 诊断
    C. 识别   D. 评价

54. 事故应急管理过程中,( )是指突发事件的威胁和危害得到控制或者消除后所采取的处置工作。
    A. 预防   B. 准备
    C. 响应   D. 恢复

55. 根据事故应急救援体系的基本构成,( )是安全生产应急管理体系的有机组成部分,是体系运转的物质条件和手段。
    A. 法律法规体系   B. 运行机制
    C. 支持保障系统   D. 组织体系

56. 统计图的类型中,( )表示独立指标在不同阶段的情况,有两维或多维,图例位于右上方。
    A. 条图   B. 线图
    C. 百分条图   D. 散点图

57. 下列不属于生产安全事故善后处理费用的是( )。
    A. 处理事故的事务性费用   B. 现场抢救费用
    C. 补助及救济费用   D. 现场清理费用

58. 人员伤亡后所支出的费用不包括( )。
    A. 丧葬费   B. 歇工工资
    C. 救济费用   D. 现场抢救费用

59. 劳动者接触二氧化硅粉尘浓度超过国家卫生标准的,在岗期间健康检查周期为( )。
    A. 每1年1次   B. 每1年2次
    C. 每2年1次   D. 每2年3次

60. 以现场实战操作的形式开展的演练活动是( )。

A. 桌面演练   B. 实战演练

C. 综合演练   D. 研究型演练

61. 事故调查组应当自事故发生之日起60日内提交事故调查报告;特殊情况下,经负责事故调查的人民政府批准,提交的期限可以适当延长,但延长的期限最长不超过( )日。

A. 15   B. 20

C. 30   D. 60

62. 经常用到的事故统计方法中,( )是直方图与折线图的结合。

A. 柱状图   B. 控制图

C. 排列图   D. 趋势图

63. 常用的抽样方法中,整群抽样的优点是( )。

A. 易于理解、简便易行

B. 样本代表性好,抽样误差减少

C. 便于组织、节省经费

D. 操作简单,均数、率及相应的标准误计算简单

64. 收集资料的方法有统计报表、日常性工作和( )。

A. 计量资料   B. 专题调查

C. 计数资料   D. 综合资料

65. 概括图形所要表达的主要内容,一般写在图形下端中央的是( )。

A. 标题   B. 数字

C. 标目   D. 备注

66. 随机误差的特点是( )。

A. 没有倾向性,多次测量计算平均值可以减小甚至消除随机测量误差

B. 误差不可避免,有倾向性

C. 随测量次数的增加而减小

D. 具有累加性

67. 可用于任何分布类型的资料,但实践中常用于偏态分布资料和分布两端无确定值的资料的理论是( )。

A. 轨迹交叉理论   B. 事故因果连锁理论

C. 中位数理论   D. 事故频发倾向理论

68. 职业卫生调查设计中,调查研究各个环节中最核心的问题是( )。

A. 确定调查对象和观察单位   B. 明确调查目的

C. 确定并选择调查方法   D. 确定观察指标

69. 在常用的抽样方法中,系统抽样的缺点是( )。

A. 总体较大时,难以一一编号

B. 抽样误差大于单纯随机抽样

C. 总体有周期或增减趋势时,易产生偏性

D. 样本代表性差,抽样误差大

70. 整个事故统计工作的前提和基础是( )。

A. 资料整理　　　　　　　　　　　　　　B. 综合分析

C. 事故统计指标体系　　　　　　　　　　D. 资料搜集

二、**多项选择题**(共 15 题,每题 2 分。每题的备选项中,有 2 个或 2 个以上符合题意,至少有 1 个错项。错选,本题不得分;少选,所选的每个选项得 0.5 分)

71. 开展安全标准化建设的重点内容包括(　　)。

    A. 确定目标　　　　　　　　　　　　　B. 设置组织机构,确定相关岗位职责

    C. 财务报表编制　　　　　　　　　　　D. 安全生产投入保证

    E. 教育培训

72. 按照系统的观点,管理系统具有的特征有(　　)。

    A. 集合性　　　　　　　　　　　　　　B. 适应性

    C. 相关性　　　　　　　　　　　　　　D. 动态性

    E. 层次性

73. 安全技术措施按照导致事故的原因可分为(　　)等。

    A. 建筑安全技术措施　　　　　　　　　B. 防止事故发生的安全技术措施

    C. 防火防爆安全技术措施　　　　　　　D. 减少事故损失的安全技术措施

    E. 水利水电安全技术措施

74. 对主要负责人的初次安全生产教育培训的内容,包括(　　)。

    A. 国内外先进的安全生产管理经验

    B. 职业危害及其预防措施

    C. 应急管理、应急预案编制以及应急处置的内容和要求

    D. 典型事故和应急救援案例分析

    E. 安全生产管理基本知识、安全生产技术、安全生产专业知识

75. 颁发管理有关安全生产事项的许可,一般程序包括(　　)。

    A. 申请　　　　　　　　　　　　　　　B. 受理

    C. 辨识　　　　　　　　　　　　　　　D. 审查

    E. 送达

76. 为了减少事故损失采取的隔离措施,按照被保护对象与可能致害对象的关系可分为(　　)。

    A. 远离　　　　　　　　　　　　　　　B. 隔开

    C. 封闭　　　　　　　　　　　　　　　D. 缓冲

    E. 防护

77. 在生产环境中,毒物往往不是单独存在的,而是与其他毒物共存,可对人体产生联合毒性作用,主要表现为(　　)。

    A. 相减作用　　　　　　　　　　　　　B. 相加作用

    C. 相乘作用　　　　　　　　　　　　　D. 相除作用

    E. 拮抗作用

78. 用 $A^* = \lg(B_{1*})$ 作为危险源分级标准,式中 B_{1*} 是以 10 万元为缩尺单位的单元固有危险性的评分值。定级为(　　)。

    A. 一级重大危险源 $A^* \geq 3.5$　　　　　　B. 二级重大危险源 $2.5 \leq A^* < 3.5$

C. 三级重大危险源 $1.5 \leqslant A^* < 2.5$ D. 四级重大危险源 $A^* < 1.5$

E. 五级重大危险源 $A^* < 3.5$

79. 危险源数据采集装置可以是数据(　　)。

    A. 采集卡   B. 单片机

    C. PLC   D. 双片机

    E. 计算机

80. 编制安全技术措施计划时,需要考虑到(　　)。

    A. 安全生产的实际需要   B. 技术人员的接受能力

    C. 技术可行性与经济承受能力   D. 计划的编制人员

    E. 安全生产的隐患问题

81. 应急管理体系的保障系统主要由(　　)构成。

    A. 信息通信   B. 人力资源

    C. 物资装备   D. 经费财务

    E. 管理机构

82. 应急演练的原则有(　　)。

    A. 实事求是、尊重科学   B. 结合实际、合理定位

    C. 着眼实战、讲求实效   D. 统筹规划、厉行节约

    E. 精心组织、确保安全

83. 普查在医学领域的适用范围包括(　　)。

    A. 具有实施条件

    B. 发病率较高的疾病

    C. 普查方法便于操作、易于接受

    D. 具有灵敏度和特异度较高的检查或诊断方法

    E. 发病率较低的疾病

84. 查明事故的直接经济损失中,事故造成的财产损失费用包括(　　)。

    A. 现场抢救费用   B. 医疗费用

    C. 固定资产损失价值   D. 流动资产损失价值

    E. 赔偿费用

85. 统计描述的计量资料包括(　　)。

    A. 频数分布   B. 方差分析

    C. 离散趋势   D. 秩和检验

    E. 标准误差

参 考 答 案

1. A	2. D	3. B	4. B	5. D
6. A	7. C	8. D	9. D	10. C
11. A	12. C	13. C	14. C	15. C
16. A	17. D	18. B	19. B	20. A
21. A	22. A	23. C	24. B	25. C
26. A	27. B	28. C	29. A	30. B
31. C	32. B	33. C	34. A	35. B
36. C	37. A	38. D	39. A	40. B
41. B	42. A	43. D	44. C	45. B
46. B	47. D	48. A	49. C	50. B
51. B	52. B	53. D	54. D	55. C
56. A	57. C	58. D	59. A	60. B
61. D	62. C	63. C	64. B	65. A
66. C	67. C	68. B	69. C	70. D

二、多项选择题

71. ABDE	72. ABCE	73. BD	74. ABDE	75. ABDE
76. BCD	77. BCE	78. ABCD	79. ABC	80. AC
81. ABCD	82. BCDE	83. ABCD	84. CD	85. ACE

第五部分　近三年真题试卷

2011 年度全国注册安全工程师执业资格考试试卷

一、单项选择题(共 70 题,每题 1 分。每题的备选项中,只有 1 个最符合题意)

1. 根据生产安全事故造成的人员伤亡和直接经济损失,一般将事故分为特别重大事故、重大事故、较大事故和一般事故。按造成的直接经济损失划分,重大事故的标准是(　　)。
   A. 1000 万元以下
   B. 1000 万元以上(含 1000 万元),3000 万元以下
   C. 3000 万元以上(含 3000 万元),5000 万元以下
   D. 5000 万元以上(含 5000 万元),1 亿元以下

2. 海因里希将事故因果连锁过程概括为五个要素,并用多米诺骨牌来形象地描述这种事故因果连锁关系。五个要素为(　　)。
   A. 人的缺点、人的不安全行为或物的不安全状态、能量意外释放、事故、伤害
   B. 遗传及社会环境、人的缺点、屏蔽失效、事故、伤害
   C. 人的缺点、管理缺陷、人的不安全行为或物的不安全状态、事故、伤害
   D. 遗传及社会环境、人的缺点、人的不安全行为或物的不安全状态、事故、伤害

3. 中宣部、国家安全生产监管总部、公安部、广电总局、全国总工会、团中央和全国妇联等组织开展了 2011 年全国"安全生产月"活动,该活动的主题是(　　)。
   A. 关爱生命、安全发展
   B. 安全责任、重在落实
   C. 安全发展、预防为主
   D. 治理隐患、防范事故

4. 为了加强安全生产工作,我国对若干具有较高生产安全风险的企业实行了安全许可制度。下列企业中,实行安全许可制度的是(　　)。
   A. 道路运输企业、危险化学品生产企业、民用爆破器材生产企业
   B. 烟花爆竹生产企业、民用爆破器材生产企业、冶金企业
   C. 危险化学品生产企业、矿山企业、机械制造企业
   D. 石油天然气开采企业、建筑施工企业、危险化学品生产企业

5. 在企业安全生产管理过程中,对于不同岗位所需安全生产管理人员的安排,要根据其个人从业经验、能力等综合因素决定,这体现了(　　)。
   A. 整分合原则
   B. 能级原则
   C. 3E 原则
   D. 激励原则

6. 甲公司投资建设码头项目,由乙公司对该项目设计、施工总承包。其中,基础土石方工程分包给丙公司。丙公司在浇筑混凝土过程中,由于丁公司(混凝土供应商)混凝土车胶管摆动,将正在浇筑混凝土的丙公司一名员工打死。该事故的发生单位为(　　)公司。

A. 甲   B. 乙

C. 丙   D. 丁

7. 岗位安全教育培训主要包括日常安全教育培训、定期安全教育培训和专题安全教育培训。其中,日常安全教育培训的重点内容之一是(　　)。

A. 从业人员的权利与义务   B. 转岗技能培训

C. 作业岗位安全风险辨识   D. 新工艺、新技术推广

8. 特种作业人员应当接受与其所从事的特种作业相应的安全技术理论培训和实际操作培训。下列关于跨省(自治区、直辖市)从事特种作业人员培训的说法中,错误的是(　　)。

A. 可以参加户籍所在地省安全生产监督管理部门组织的培训

B. 可以参加从业所在地省安全生产监督管理部门组织的培训

C. 可以参加户籍所在地受委托的设区的市安全生产监督管理部门组织的培训

D. 可以参加户籍所在地受委托的县级安全生产监督管理部门组织的培训

9. 安全生产检查的工作程序一般包括检查前准备、实施检查、检查结果分析、提出整改要求、整改落实、整改结果反馈等。认真做好检查前的各项准备工作,可使安全检查工作事半功倍。下列事项中,属于检查前准备内容的是(　　)。

A. 查阅岗位安全生产责任制的考核记录

B. 查阅检查对象的日常维护和保养记录

C. 分析检查对象可能出现的危险、危害情况

D. 进行检查对象风险控制措施有效性后评估

10. 生产经营单位选用的特种劳动防护用品必须具备"三证"和"一标志"。"三证"和"一标志"分别是指(　　)。

A. 生产许可证、产品合格证、安全鉴定证和安全标志

B. 生产许可证、产品合格证、安全许可证和安全标志

C. 经营许可证、产品合格证、安全许可证和劳动保护标志

D. 经营许可证、质量合格证、安全鉴定证和劳动保护标志

11. 甲油库乙化验工在夜间取样过程中,不慎掉入无盖消防井内,造成脚部扭伤。甲油库主任在接到报告后,进行了如下处理,其中错误的做法是(　　)。

A. 立即报告了上级安全部门

B. 对乙化验工进行了处罚

C. 要求设备管理人员对消防井进行检查,对无盖井加盖

D. 向油库全体员工通报事故,避免该类事故重复发生

12. 承包商在有危险性的生产区域内作业,有可能发生人身伤害、设备损坏、环境浸染等事故的,发包方应要求承包商做好安全风险分析,并制订安全措施,经(　　)审核批准后实施。

A. 发包方   B. 承包商主要负责人

C. 监理   D. 承包商上级

13. 根据《安全生产事故隐患排查治理暂行规定》(安全监管总局令第 16 号),重大事故隐患治理方案应包括治理的目标和任务,采取的方法和措施,经费和物资的落实,负责治

理的机构和人员,治理的时限和要求,以及(   )。

A. 考核内容和要求   B. 重大危险源辨识和监控

C. 安全措施和应急预案   D. 治理效果评估和验收

14. 如改变经过安全监管部门批准的工程建设项目安全设施设计,可能降低安全性能的,应
经设计单位书面同意,并由生产经营单位报(   )批准。

A. 企业上级部门   B. 原设计单位

C. 原批准单位   D. 建设部门

15. 在安全生产监督管理过程中,监督检查生产经营单位安全生产的组织管理、规章制度建
设、职工教育培训以及各级安全生产责任制的落实等工作属于(   )。

A. 技术监察   B. 专业监察

C. 过程监察   D. 行为监察

16. 我国对从事特种设备的设计、制造、安装、修理、维护保养、改造的单位实施资格许可,并
对部分产品出厂实施安全性能监督检验,是(   )的要求。

A. 设备准用制度   B. 市场准入制度

C. 监督检查制度   D. 责任追究制度

17. 某危险化学品生产经营单位有甲、乙、丙、丁四个库房,分别存放有不同类别的危险化学
品,各库房之间距离均大于 500m。依据下表给出的临界量,不属于重大危险源的库房
是(   )。

危险化学品名称	临界量/t	危险化学品名称	临界量/t
苯	50	汽油	200
苯乙烯	500	乙醇	500
丙酮	500	甲苯二异氰酸脂	100
环氧丙烷	10	销化甘油	1
丙烯醛	20	三硝基甲苯	5
乙醚	10	销化纤维素	10

A. 甲库房:300t 苯乙烯,2t 环氧丙烷,3t 乙醚

B. 乙库房:30t 甲苯二异氰酸酯,10t 丙烯醛,5t 环氧丙烷

C. 丙库房:5t 硝化纤维素,1t 三硝基甲苯,0.2t 硝化甘油

D. 丁库房:200t 乙醇,100t 汽油,1t 乙醚

18. 按照安全系统工程和人机工程原理建立的安全生产规章制度体系,一般将规章制度分
为 4 类,隐患排查和治理制度属于安全生产规章制度的(   )类。

A. 综合管理   B. 人员管理

C. 设备设施   D. 环境管理

19. 甲公司与乙公司合资成立丙公司,从事铁矿开采,由甲公司控股。丙公司的安全生产投
入由(   )予以保证。

A. 甲公司   B. 丙公司董事会

C. 丙公司董事长   D. 丙公司总经理

20. 下列关于安全生产风险抵押金监督管理的说法,不正确的是(   )。

   A. 企业当年未发生事故,未动用安全生产风险抵押金的,在下一年度不再另行存储

   B. 企业当年发生事故,动用安全生产风险抵押金的,在下一年度自行按动用金额补齐差额

   C. 企业生产经营规模、从业人数等安全生产风险抵押金核定基础发生较大变化,由省、市、县安全监管部门和同级财政部门调整并通知企业补存(退还)

   D. 已缴纳安全生产风险抵押金的企业依法关闭破产时,经申请,由省、市、县安全监管部门和同级财政部门核准后,允许企业按规定自主支配专户结存资金

21. 《高危行业企业安全生产费用财务管理暂行办法》(财企〔2006〕478 号)适用于在中华人民共和国境内从事(   )的企业。

   A. 冶金   B. 道路交通运输
   C. 建材   D. 机械制造

22. 生产经营单位应对从业人员进行劳动防护用品相关知识的教育培训,使从业人员做到"三会"。"三会"是指(   )。

   A. 会检查劳动防护用品的可靠性,会正确使用劳动防护用品,会正确维修劳动防护用品

   B. 会正确购买劳动防护用品,会正确使用劳动防护用品,会正确维护保养劳动防护用品

   C. 会检查劳动防护用品的可靠性,会正确使用劳动防护用品,会正确维护保养劳动防护用品

   D. 会正确辨识劳动防护用品真伪,会正确使用劳动防护用品,会正确维护保养劳动防护用品

23. 某企业员工甲驾驶汽车上班途中,因车速过快与同向行驶的一辆大货车追尾,造成甲某身亡。甲某家属提出了工伤认定申请。下列关于认定结果的说法,正确的是(   )。

   A. 认定为工伤   B. 视同工伤
   C. 比照工伤   D. 不予认定工伤

24. 生产经营单位应对重大危险源登记建档,并将重大危险源相关情况报有关地方人民政府负责安全生产监督管理的部门预案。下列关于重大危险源的事项,不需要备案的是(   )。

   A. 重大危险源安全评价报告

   B. 重大危险源的监控措施

   C. 日常检查发现一般隐患的整改情况

   D. 重大危险源事故应急救援备案

25. 按照导致事故的原因,安全技术措施可分为防止事故发生的安全技术措施和减少事故损失的安全技术措施两类,常用的减少事故损失的安全技术措施有(   )。

   A. 监控、隔离、故障—安全设计、消除危险源

   B. 隔离、设置薄弱环节、个体防护、避难与救援

   C. 隔离、故障—安全设计、设置薄弱环节、避难与救援

   D. 监控、设置薄弱环节、个体防护、消除危险源

26. 跨两个及两个以上行政区域的建设项目,对其实施安全设施"三同时"监督管理的行政部门是( )。

 A. 其共同的上一级人民政府安全生产监督管理部门

 B. 其各自所在地的人民政府安全生产监督管理部门

 C. 县级以上的人民政府安全生产监督管理部门

 D. 国家安全生产监督管理总局

27. 生产经营单位提交的建设项目安全设施设计,经过县级政府安全生产监督管理部门组织审查未通过的,按照审查意见整改后,需要向( )申请再审查。

 A. 原县级审查部门

 B. 该项目所在的市级审查部门

 C. 该项目所在的省级审查部门

 D. 国家安全生产监督管理总局

28. 锅炉、压力容器、压力管道、起重机械、大型游乐设施的制造过程和锅炉、压力容器、电梯、起重机械、客运索道、大型游乐设施的( )过程,必须经国务院特种设备安全监督管理部门核准的检验检测机构,按照安全技术规范的要求进行监督检验,未经监督检验合格的不得出厂或者交付使用。

 A. 安装、改造、重大维修   B. 改造、移装、拆除

 C. 改造、日常维修、拆除   D. 安装、日常维修、重大维修

29. 某企业在安全文化建设中,提出"三不伤害"原则,建立相应的机制以促使"三不伤害"原则落实到每个岗位,做到"各人自扫门前雪,还管他人瓦上霜",取得较好的效果。这主要发挥了企业安全文化功能中的( )。

 A. 辐射功能   B. 凝聚功能

 C. 激励功能   D. 同化功能

30. 在企业安全文化建设过程中,员工应充分理解和接受企业的安全承诺,并结合岗位任务实践这种承诺,下列工伤中,不属于一线员工实践的安全承诺是( )。

 A. 清晰界定全体员工的岗位安全责任

 B. 在本岗位工作上始终采取安全的方法

 C. 对任何安全异常和事件保持警觉并主动报告

 D. 接受培训,在岗位工作中具有改进安全绩效的能力

31. 《特种设备安全监察条例》(国务院令第549号)建立了特种设备安全监察制度,特种设备安全监察的主要环节是( )。

 A. 设计、制造、安装、使用、检验、改造、责任追究

 B. 设计、制造、安装、使用、检验、修理、改造

 C. 设计、制造、检验、改造、化学清洗、事故处理

 D. 行政许可、设计、制造、安装、使用、检验、改造

32. 根据《生产过程危险和有害因素分类与代码》(GB/T 13861—2009),可将生产过程中的危险和有害因素分为4大类。下列因素中,( )不在4大类范围内。

 A. 人的因素   B. 物的因素

 C. 环境因素   D. 社会因素

33. 下列关于危险、有害因素辨识的说法中,不适用于机械设备危险有害因素辨识的是( )。

    A. 从运动部件和工件进行辨识   B. 从操作条件、检修作业进行辨识

    C. 从误运转和误操作进行辨识   D. 从火灾、爆炸方面进行辨识

34. 根据《安全验收评价导则》(AQ 8003—2007),下列关于安全评价描述内容中,不属于安全验收评价结论内容的是( )。

    A. 符合性评价的综合结果

    B. 评价对象正式运行后存在的危害因素及其危害程度

    C. 评价对象危害因素的安全技术措施

    D. 明确评价对象是否具备验收条件

35. 某评价机构承担了煤矿建设项目的安全预评价工作,并成立了评价项目组。在明确评价对象、评价范围后,收集了相关的法律法规和标准、评价对象的基础资料和相关事故案例。在预评价的前期准备工作中,该评价项目组还应进行的工作是( )。

    A. 全面辨识危险有害因素   B. 合理划分评价单元

    C. 选择适用的评价方法   D. 实地调查类比工程

36. 某车间在进行起吊作业时,由于起吊物的重量超过了起重设备的额定起重量,造成起吊设备倾翻,设备下方的作业人员当场死亡。根据《企业职工伤亡事故分类标准》(GB 6441—1986),这起事故为( )事故。

    A. 物体打击   B. 机械伤害

    C. 坍塌   D. 起重伤害

37. 职业性有害因素是指危害从业人员健康的各类因素。按其来源,生产过程中的有害因素可分为( )。

    A. 物理因素、化学因素和生物因素

    B. 生产因素、社会因素和经济因素

    C. 管理因素、技术因素和个体因素

    D. 生产过程因素、劳动过程因素和生产环境因素

38. 根据《职业病防治法》,新建、扩建、改建建设项目和技术改造、技术引进项目可能产生职业病危害的,建设单位在可行性论证阶段应当向行政主管部门提交( )。

    A. 卫生防护设施设计报告   B. 职业病危害预评价报告

    C. 职业卫生专篇   D. 职业危害控制效果评价报告

39. 由国家主管部门公布的职业病目录所列的职业病称为法定职业病。下列关于职业病诊断条件中,不作为界定法定职业病基本条件的是( )。

    A. 在职业活动中产生   B. 列入法定职业病范围

    C. 与劳动用工行为相联系   D. 接触职业危害因素5年以上

40. 《职业病目录》(卫法监发[2002]108号)给出了13种法定尘肺病。其中,发病人数占前三位的疾病是( )。

    A. 矽肺、炭黑尘肺、水泥尘肺

    B. 煤工尘肺、滑石尘肺、水泥尘肺

    C. 铸工尘肺、电焊工尘肺、铝尘肺

D. 矽肺、煤工尘肺、铸工尘肺

41. 根据《作业场所职业健康监督管理暂行规定》(安全监管总局令第 23 号),存在职业危害的生产经营单位(煤矿除外)应当委托具有相应资质的中介技术服务机构,至少每( )进行一次作业场所职业危害因素检测。

A. 半年　　　　　　　　　　　　　　B. 一年

C. 两年　　　　　　　　　　　　　　D. 三年

42. 为有效降低输煤皮带间的粉尘浓度,可以采取湿式作业方法;为降低化学试验室有毒物的浓度,可以采取全面通风的方法。这些措施属于职业危害控制措施中的( )措施。

A. 工程控制技术　　　　　　　　　　B. 集体防护控制

C. 组织控制　　　　　　　　　　　　D. 管理控制

43. 《生产经营单位安全培训规定》(安全监管总局令第 3 号)中,对组织从业人员培训的部门有明确规定。负责省级辖区内中央管理的工矿商贸生产经营单位的子公司主要负责人培训工作的部门是( )。

A. 国家安全生产监管总局　　　　　　B. 省级安全生产监管部门

C. 国务院国有资产管理委员会　　　　D. 省级国有资产管理委员会

44. 应急演练可以检验应急的有效性,锻炼队伍,检查应急资源准备情况,理顺工作关系,完善应急机制,提高从业人员应对突发事件的自我生存保护能力和救助他人的能力。应急演练实施主要包括( )环节。

A. 演练前策划和培训、接警通知启动、抢救与救援、结束点评

B. 描述演练概况和相关培训、启动演练、疏散人员、危险物控制、救援、结束

C. 演练前检查和情况说明与动员、启动、执行、结束与意外终止、现场点评会

D. 检查演练预案和完善准备、组织演练锻炼队伍、演练结束讲评、评审与完善

45. 生产经营单位发生事故后,可能影响到该单位周边地区时,应及时启动警报系统,告知公众有关疏散时间、路线、交通工具及目的地等信息。该工作属于应急响应过程中的( )。

A. 警报和紧急公告　　　　　　　　　B. 指挥与控制

C. 公共关系　　　　　　　　　　　　D. 接警与通知

46. 实战演练活动一般始于报警消息,在此过程中,参演的应急组织和人员应尽可能按实际紧急事件发生时的响应要求进行演示,由参演应急组织和人员根据自己关于最佳解决方法的理解,对情景事件采取相应行动,这种演示称为( )。

A. 自由演示　　　　　　　　　　　　B. 桌面演示

C. 刺激行为　　　　　　　　　　　　D. 示范演示

47. 在应急管理过程中,加大建筑物安全距离、减少危险物品存在量、设置防护墙等措施,属于应急管理( )阶段所做的工作。

A. 预防　　　　　　　　　　　　　　B. 准备

C. 响应　　　　　　　　　　　　　　D. 恢复

48. 某企业每半年更新一次应急人员联系电话,这体现了事故应急预案编制中,关于( )的基本要求。

A. 应急组织和人员分工明确,并有具体的落实措施

B. 结合本单位分析危险性

C. 有明确的事故预防措施和应急程序,与应急能力相适应

D. 预案要素齐全完整,信息准确

49. 在应急演练过程中,观察和记录演练活动,比较演练过程与演练目标要求的符合性,并提出演练中发现的问题,这项工作一般应由( )完成。

A. 策划人员   B. 演练人员

C. 控制人员   D. 评估人员

50. 某企业生产车间发生了人身伤亡事故,造成3人死亡。根据《生产安全事故报告和调查处理条例》(国务院令第493号),该事故由( )负责组织调查。

A. 事故发生单位上级主管部门   B. 所在地县级人民政府

C. 所在地设区的市级人民政府   D. 省级人民政府

51. 伤亡事故的原因可分为直接原因与间接原因。下列关于伤亡事故的原因中,属于直接原因的是( )。

A. 物的不安全状态   B. 安全操作规程不健全

C. 劳动组织不合理   D. 教育培训不够

52. 根据《生产安全事故报告和调查处理条例》(国务院令第493号),下列事故属于较大事故的是造成( )的事故。

A. 2人死亡,5重伤   B. 3人死亡,9人重伤

C. 1人死亡,50人重伤   D. 10人死亡,30人重伤

53. 生产安全事故发生后,事故现场有关人员应当立即向本单位负责人报告,事故发生单位负责人接到报告后,应当于( )小时内向事故发生地县级以上人民政府安全生产监督管理部门和负有安全生产监督管理责任的有关部门报告。

A. 0.5   B. 1

C. 2   D. 3

54. 某矿山发生火灾事故,当日死亡2人,重伤18人。由于井下有毒气体没有彻底排除,事故发生第7天,造成救援人员4人死亡。重伤者经过25天抢救,有4人死亡,32天后又有5人死亡。根据《生产安全事故报告和调查处理条例》(国务院令第493号),该起事故应上报的死亡人数是( )人。

A. 2   B. 6

C. 10   D. 15

55. 通过事故调查分析,对事故的性质和责任要有明确结论。其中,对认定为责任事故的,要按照责任大小和承担责任的不同分别认定为主要责任者、直接责任者和( )。

A. 间接责任者   B. 技术责任者

C. 领导责任者   D. 监督责任者

56. 某化工企业发生一起爆炸事故,造成8人当场死亡。爆炸后泄漏的有毒气体致使85人急性中毒,直接经济损失4000万元。这起生产安全事故是( )。

A. 一般事故   B. 较大事故

C. 重大事故   D. 特别重大事故

57. 某市娱乐中心发生火灾事故,事故当时造成2人死亡,23人重伤。重伤者经过10天抢

救,有 8 人未能脱离生命危险而死亡。负责组织调查此次事故的政府部门应当是(   )。

    A. 县级有关部门   B. 市级有关部门

    C. 省级有关部门   D. 国务院授权的有关部门

58. 事故调查组应当自事故发生之日起 60 日内提交事故调查报告;特殊情况下,经负责事故调查的人民政府批准,提交事故调查报告的期限可以适当延长,但延长的期限最长不超过 60 日。事故调查期限不包括(   )。

    A. 技术鉴定所需时间   B. 调查取证所需时间

    C. 事故分析所需时间   D. 撰写调查报告所需时间

59. 根据《企业职工伤亡事故分类》(GB 6441—1986),我国企业职工伤亡事故的类别主要依据(   )划分。

    A. 受伤部位   B. 受伤性质

    C. 起因物   D. 伤害等级

60. 在作业人员声明没有安全带,有高处坠落危险的情况下,某建筑工地项目负责人要求其在 25m 高作业面跨过防护栏杆作业。在作业中,作业人员失稳坠落死亡。在事故责任认定时,该项目负责人应承担的责任是(   )。

    A. 直接责任   B. 主要责任

    C. 次要责任   D. 监督责任

61. 某地区职业卫生监管机构统计某种职业病最近两年内在某行业中发生的频率,该行业此职业病的发病率的计算公式为(   )。

    A. (检查时发现的现患某病例总数/该时点受检人数)×100%

    B. (观察期内新发生例数/同期内可能发生该类职业病的平均人口数)×100%

    C. (观察期内因该病死亡人数/同期内某病患者人数)×100%

    D. (某年死亡总数/同年平均人口数)×100%

62. 《安全色》(GB 2893—2008)将禁止、指令、警告、提示用不同的颜色表示。其中代表警告的颜色是(   )。

    A. 红色   B. 黄色

    C. 蓝色   D. 绿色

63. 煤矿安全监察时需要考虑煤矿的特殊性、环境与生产管理的多样性,选择不同的安全监察方式,对煤矿许可事项、安全组织保障的监察方式属于(   )。

    A. 定期监察   B. 专项监察

    C. 日常监察   D. 重点监察

64. 职业健康监护是职业危害防治的一项主要内容。下列职业健康管理工作中,属于职业健康监护工作内容的是(   )。

    A. 按标准配备符合防治职业病要求的个人防护用品

    B. 对有毒有害作业场所进行职业危害因素监测

    C. 在可能发生急性职业操作的有毒有害场所配置现场急救用品

    D. 组织接触职业危害的作业人员进行上岗前体检

65. 企业安全规章制度是生产经营单位依据国家有关法律法规、国家标准和(   ),结合生产经营实际,以生产经营单位名义起草制订的有关安全生产的规范性文件。

A. 行业标准
B. 企业标准
C. 同类企业规章制度
D. 操作规程

66. 进入密闭空间作业前,应使用经检定合格的检测仪器,检测该密闭空间的( )。

A. 能见度
B. 氧含量和有毒气体含量
C. 环境温度和湿度
D. 噪声强度

67. 生产经营单位应该按照国家颁发的劳动防护用品配备标准,并结合本单位各岗位工作性质,为从业人员配备劳动防护用品。下列关于劳动防护用品配备和使用的说法中,不正确的是( )。

A. 不得以货币替代应当按规定配备的劳动防护用品
B. 为从业人员提供的劳动防护用品不得超过使用期限
C. 生产经营单位购买的所有劳动防护用品都应经本单位安全生产技术部门或者管理人员检查验收
D. 从业人员未按规定佩戴和使用劳动防护用品的,不得上岗作业

68. 在统计学中,由于仪器不准确、标准不规范等原因造成测试结果倾向性偏大或偏小,这种误差称为( )误差。

A. 随机测量
B. 人为
C. 系统
D. 随机抽样

69. 劳动者在职业活动中,因接触有毒、有害因素而引起的疾病称职业病。下列有关职业病的说法中,正确的是( )。

A. 地下桥墩潜水作业引起的职业病是高压病
B. 高山勘探低气压作业引起的职业病是减压病
C. 冶炼车间热辐射产生的红外线引起的职业病是职业性白内障
D. 冷库的低温作业引起的职业病是关节炎

70. 特种作业是指在劳动过程中容易发生伤亡事故,对操作者本人,尤其对他人和周围设施的安全有重大危害的作业。从事特种作业的人员称为特种作业人员。下列人员中,不属于特种作业人员的是( )。

A. 商场的电工
B. 汽修厂的车工
C. 机械制造厂的焊工
D. 肉联厂的制冷工

二、多项选择题(共15题,每题2分。每题的备选项中,有2个或2个以上符合题意,至少有1个错项。错选,本题不得分;少选,所选的每个选项得0.5分)

71. 根据能量意外释放理论,可将伤害分为两类:第一类伤害是由于施加了超过局部或全身性损伤阈值的能量引起的伤害;第二类伤害是由于影响了局部或全身性能量交换而引起的伤害。下列危害因素中,能造成第二类伤害的有( )。

A. 中毒
B. 窒息
C. 冻伤
D. 烧伤
E. 触电

72. 根据《建设项目安全设施"三同时"监督管理暂行办法》(安全监管总局令第36号),生产经营单位新建、改建、扩建建设项目时,下列关于生产经营单位、施工单位、监理单位

的要求,正确的是( )。

A. 施工单位对安全设施的工程质量负责

B. 监理单位对安全设施的工程质量承担监理责任

C. 生产经营单位应当向安全监管部门申请安全设施竣工验收

D. 监理单位发现工程存在事故隐患应当立即向有关政府主管部门报告

E. 安全设施的施工应当由取得相应资质的施工单位进行

73. 根据《企业安全生产标准化基本规范》(AQ/T 9006—2010),企业应加强生产现场安全管理和生产过程控制,对危险性较高的作业活动实施作业许可管理,履行审批手续。下列作业活动中,属于作业许可管理范围的有( )。

A. 动火作业　　　　　　　　　　B. 受限空间作业

C. 临时用电作业　　　　　　　　D. 铲装作业

E. 高处作业

74. 根据《安全生产事故隐患排查治理暂行规定》(安全监管总局令第 16 号),下列有关事故隐患分类的说法,正确的是( )。

A. 事故隐患分类主要依据事故的概率

B. 事故隐患分类主要依据事故的等级

C. 事故隐患分为一般事故隐患和重大事故隐患

D. 事故隐患分为重大事故隐患和特大事故隐患

E. 危害较小并能够立即排除的事故隐患称为一般事故隐患

75. 某铁矿申请新建项目安全设施竣工验收时,应当向所在地安全生产监督管理部门提交安全设施竣工验收申请、( )等文件资料。

A. 营业执照和组织机构代码证(复印件)

B. 安全设施设计审查意见书和施工单位的资质证明文件(复印件)

C. 安全生产管理机构设置或者安全生产管理人员配备情况

D. 从业人员安全培训教育及资格情况

E. 建设项目安全验收评价报告及其存在问题的整改确认材料

76. 按照安全评价的量化程度,安全评价方法可以分为定性安全评价方法和定量安全评价方法。下列评价方法中,属于定量安全评价方法的有( )。

A. 概率风险评价法　　　　　　　B. 危险指数评价法

C. 故障类型和影响分析法　　　　D. 危险和可损伤性分析法

E. 事故引发和发展分析法

77. 建设项目职业病危害预评价是对建设项目的选址、总体布局、生产工艺和设备布局、车间建筑设计卫生、职业病危害防护措施、辅助卫生设施设置、应急救援措施、个人防护措施、职业卫生管理措施、职业健康监护等进行分析和评价,职业病危害预评价的主要方法有( )。

A. 检查表法　　　　　　　　　　B. 类比法

C. 因素图分析法　　　　　　　　D. 定量法

E. 取样检测法

78. 按照事故应急预案编制的整体协调性和层次不同,可将其划分为(   )等几个层次。

    A. 专项预案
             B. 基本预案

    C. 现场处置方案
           D. 综合预案

    E. 部门预案

79. 根据《生产安全事故报告和调查处理条例》(国务院令第 493 号),从伤亡事故性质方面认定,生产安全事故可分为(   )。

    A. 自然事故
             B. 技术事故

    C. 责任事故
            D. 管理事故

    E. 意外事故

80. 事故发生后,生产经营单位向政府部门报告的内容应包括:事故发生单位的概况,事故发生的时间、地点以及事故现场情况,事故的简要经过,事故已造成或者可能造成的伤亡人数、(   )和其他应当报告的情况。

    A. 初步估计的直接经济损失
           B. 初步估计的间接经济损失

    C. 已经采取的措施
            D. 现场调查情况

    E. 事故处理情况

81. 《国务院关于进一步加强企业安全生产工作的通知》(国发〔2010〕23 号)指出,要严格企业安全管理,全面开展安全生产标准化达标活动。安全生产标准化达标包括(   )。

    A. 岗位达标
             B. 班组达标

    C. 车间达标
            D. 企业达标

    E. 专业达标

82. 某企业为保持安全生产形势的持续稳定,对企业近二十年发生的各类伤亡事故进行统计分析,研究企业安全管理存在的问题,制订预防事故的安全生产措施。采取的统计分析基本步骤包括(   )。

    A. 整理资料
             B. 收集资料

    C. 统计设计
            D. 统计分析

    E. 计量统计

83. 《安全生产法》规定,必须配备专职安全生产管理人员的单位包括(   ),以及从业人员超过 300 人的其他生产经营单位。

    A. 建筑施工单位
           B. 特种设备生产单位

    C. 矿山
             D. 危险物品的生产、经营储存单位

    E. 冶金单位

84. 根据《生产过程危险和有害因素分类与代码》(GB/T 13861—2009),下列职业性危害因素中,属于环境因素的有(   )。

    A. 作业场地涌水
           B. 房屋基础下沉

    C. 烟雾
             D. 激光

    E. 超负荷劳动

85. 生产经营单位职业健康管理中,前期预防管理包括(   )。

    A. 职业危害申报

B. 建设项目职业卫生"三同时"管理
C. 职业卫生安全许可证管理
D. 职业健康监护
E. 作业环境和职业危害因素检测

2011 年度全国注册安全工程师执业资格考试试卷
参考答案

一、单项选择题

1. D	2. D	3. B	4. D	5. B
6. D	7. C	8. D	9. C	10. A
11. B	12. A	13. C	14. C	15. D
16. B	17. C	18. A	19. B	20. B
21. B	22. C	23. D	24. C	25. B
26. A	27. A	28. A	29. B	30. A
31. B	32. D	33. D	34. C	35. D
36. D	37. A	38. B	39. D	40. D
41. B	42. A	43. B	44. C	45. A
46. A	47. A	48. D	49. D	50. C
51. A	52. B	53. B	54. B	55. C
56. C	57. B	58. A	59. D	60. B
61. B	62. B	63. D	64. D	65. A
66. B	67. C	68. C	69. C	70. B

二、多项选择题

71. ABC	72. ABCE	73. ABCE	74. BCE	75. BCDE
76. AB	77. ABD	78. ACD	79. AC	80. AC
81. ADE	82. ABCD	83. ACD	84. ABC	85. ABC

2012 年度全国注册安全工程师执业资格考试试卷

一、单项选择题(共 70 题,每题 1 分。每题的备选项中,只有 1 个最符合题意)

1. 某企业 2011 年发生了 17 起轻伤事故,轻伤 17 人。根据海因里希法则推测,该企业在 2011 年存在人的不安全行为起数约为(   )起。
   - A. 17
   - B. 120
   - C. 176
   - D. 296

2. 根据系统安全理论的观点,下列关于安全与危险的描述中,错误的是(   )。
   - A. 安全是一个相对的概念
   - B. 危险是一种主观的判断
   - C. 可以根除一切危险源和危险
   - D. 安全工作贯穿于系统整个寿命周期

3. 国家对高危行业企业实行安全生产许可制度,安全生产许可证的颁发和管理分别由相关政府部门负责。下列高危行业企业中,不属于安全生产监督管理部门颁发和管理安全生产许可证的是(   )。
   - A. 非煤矿山企业
   - B. 烟花爆竹生产企业
   - C. 危险化学品生产企业
   - D. 建筑施工企业

4. 某企业发生一起安全生产事故后,企业负责人要求各生产车间一律停产,全面开展隐患排查,经组织检查、评估并验收合格后,方可恢复生产。此种做法,符合安全生产管理原理的(   )。
   - A. 监督原则
   - B. 动态相关原则
   - C. 行为原则
   - D. 偶然损失原则

5. 安全生产监督管理部门监督管理的方式可以分为事前、事中和事后三种。下列监督管理内容中,属于事中监督管理的是(   )。
   - A. 电焊作业人员操作资格证审核
   - B. 特种劳动防护用品使用的监察
   - C. 危化品企业负责人安全资格证审批
   - D. 生产安全事故调查处理

6. 某检验检测机构从事特种设备的监督检验、定期检验、型式试验等业务。为扩大业务范围,拟新增特种设备无损检测服务。下列监督管理部门中,可核准该检测检验机构新增业务范围的是(   )。
   - A. 国务院特种设备安全监督管理部门
   - B. 省级特种设备安全监督管理部门
   - C. 设区的市级特种设备安全监督管理部门
   - D. 县级特种设备安全监督管理部门

7. 国家对特种设备的安全监察对象、内容、程序和监察结果的处置要求均有明确规定。下列说法中,正确的是(   )。

A. 特种设备经甲省机构检验合格后到乙省使用,应由乙省机构重新检验

B. 特种设备安全监察人员均有权独立随时实施现场监察

C. 监察人员应做好现场监察记录,并经被检查单位有关负责人签字确认

D. 特种设备安全监察指令必须以口头形式发出

8. 根据《国务院安委会关于深入开展企业安全生产标准化建设的指导意见》(安委〔2011〕4 号),负责制定安全生产标准化三级企业评审、公告和授牌等具体办法的行政部门是(　　)。

  A. 县级有关部门　 B. 设区的市级有关部门

  C. 省级有关部门　 D. 国家有关部门或授权单位

9. 根据《企业安全生产标准化基本规范》(AQ/T 9006—2010),下列有关生产设备设施管理的要求中,属于设备设施运行管理的是(　　)。

  A. 开工前安全条件确认

  B. 安全设备设施定期检维修

  C. 建设项目安全设备设施"三同时"

  D. 生产设备设施到货后执行验收制度

10. 在办理受限空间内动火作业许可时,需要检验的项目应至少包括(　　)。

  A. 可燃气体浓度、有毒气体浓度、氧气含量

  B. 温度、有毒气体浓度、氧气含量

  C. 温度、可燃气体浓度、氧气含量

  D. 有毒气体浓度、温度、可燃气体浓度

11. 根据安全预评价程序的要求,在进行危险、有害因素辨识与分析前,需要做安全预评价的前期准备工作。下列工作中,属于安全预评价前期准备工作的是(　　)。

  A. 进行评价单元的划分　 B. 收集相关法律法规

  C. 进行定性定量分析　 D. 选择评价方法

12. 驾驶员甲在一家物流仓储仓库驾驶电瓶车时,不慎将一货架撞倒,导致落下的一箱重物将员工乙的大腿砸伤。根据《企业职工伤亡事故分类标准》(GB 6441—1986),这起事故类型是(　　)。

  A. 物体打击　 B. 起重伤害

  C. 高处坠落　 D. 车辆伤害

13. 某建筑工地,在使用塔式起重机起吊模板时,发生钢丝绳断裂,模板从 5m 高空落下,地面一作业人员躲闪不及,被砸成重伤。根据《企业职工伤亡事故分类标准》(GB 6441—1986),这起事故类型是(　　)。

  A. 机械伤害　 B. 物体打击

  C. 起重伤害　 D. 高处坠落

14. 《生产过程危险和有害因素分类与代码》(GB/T 13861—2009)将生产过程中人、物、环境、管理的各种主要危险和有害因素进行了分类。根据该标准,下列危险有害因素中,属于物的因素是(　　)。

  A. 防护装置、设施缺陷　 B. 门和围栏缺陷

  C. 脚手架、活动梯架缺陷　 D. 作业场地湿滑

15. 安全承诺是企业安全文化建设的基础要素,企业内部行为规范和程序是企业安全承诺

的具体体现。企业的领导者、管理人员、员工均应熟知自己的组织中的安全角色和责任。下列行为中,属于员工应做到的是( )。

A. 制定企业安全发展的战略规划

B. 对任何安全异常和事件保持警觉并主动报告

C. 清晰界定全体员工的岗位责任

D. 与相关方进行沟通和合作

16. 根据《企业安全文化建设评价准则》(AQ/T 9005—2008),应对企业安全管理进行评价。下列要素中,属于安全管理评价的是( )。

A. 安全指引、安全行为、安全防护、环境感受

B. 重要性体现、适用性体现、充分性体现、有效性体现

C. 安全权责、管理机构、制度执行、管理效果

D. 安全态度、管理机构、行为习惯、管理效果

17. 某危险化学品企业,有 A、B、C、D 四个库房,分别存放不同类别的危险化学品,各库房之间的间距都在 600 ~ 800m 范围内,其中 A 库房内存有 8t 乙醇、5t 甲醇,B 库房内存有 12t 乙醚,C 库房内存有 0.3t 销化甘油,D 库房内存有 0.5t 苯。根据下表给出的临界量,四个库房中,构成重大危险源的是( )。

危险化学品名称	临界量/t	危险化学品名称	临界量/t
三硝基甲苯	5	甲醇	500
硝化甘油	1	乙醇	500
硝化纤维素	10	苯	50
汽油	200	乙醚	10

A. A 库房   B. B 库房   C. C 库房   D. D 库房

18. 下列关于重大危险源监控监管的描述中,错误的是( )。

A. 企业负责,政府监管,中介组织提供技术指导

B. 企业应向公安部门提交重大危险源安全评价报告

C. 政府有关部门对存在重大危险源的企业实行分级管理

D. 储存剧毒物质构成重大危险源的场所,应设置监控系统

19. 某企业在安全生产标准化建设过程中,重新修订了《安全生产责任制》,该制度应由企业的( )签发后实施。

A. 分管安全的负责人   B. 总工程师

C. 分管生产的负责人   D. 主要负责人

20. 应急管理是一个动态过程,分为 4 个阶段。为有效应对突发事件需要事先采取相应措施的阶段,称为( )阶段。

A. 预防   B. 准备

C. 响应   D. 恢复

21. 根据《企业安全生产费用提取和使用管理办法》(财企[2012]16 号),下列费用中,不属于安全生产费用支出范围的是( )。

A. 配备应急器材费用   B. 操作技能竞赛费用

C. 安全标准化建设费用   D. 重大事故隐患整改费用

22. 保证安全生产投入是实现安全生产的重要基础。安全生产投入资金由谁保证应根据企业性质而定,个体经营企业的安全生产投入资金由( )予以保证。

A. 董事长   B. 总经理

C. 投资人   D. 法人

23. 根据财政部、国家安全生产监督管理总局、中国人民银行联合印发的《企业安全生产风险抵押金管理暂行办法》(财建〔2006〕369号),下列行为中,不符合企业安全生产风险抵押金管理规定的是( )。

A. 专户存储   B. 单独核算

C. 专款专用   D. 统筹使用

24. 为预防事故的发生可采取防止和减少两类安全技术措施。其中,防止事故发生的安全技术措施是指采取约束、限制能量或危险物质,防止其意外释放的技术措施。下列安全技术措施中,不属于防止类的是( )。

A. 选择无毒物料   B. 失误—安全功能

C. 采取降额设计   D. 电路中设置熔断器

25. 减少事故损失的安全技术措施一般遵循一定的优先原则。下列安全技术措施中,属于优先原则排序的是( )。

A. 个体防护、隔离、避难与救援、设置薄弱环节

B. 设置薄弱环节、个体防护、隔离、避难与救援

C. 隔离、设置薄弱环节、个体防护、避难与救援

D. 个体防护、设置薄弱环节、避难与救援、隔离

26. 根据《建设项目安全设施"三同时"监督管理暂行办法》(国家安全监管总局令第36号),建设项目安全设施是指( )。

A. 用于预防生产安全事故的安全技术措施、卫生措施、辅助措施以及安全宣传教育措施的总称

B. 用于预防生产安全事故的设计、施工以及使用的安全技术总称

C. 用于防止事故损失措施的总称

D. 用于预防生产安全事故的设备、设施、装置、构(建)物和其他技术措施的总称

27. 根据《建设项目安全设施"三同时"监督管理暂行办法》(国家安全监管总局令第36号),跨两个及以上行政区域的建设项目安全设施"三同时"监督管理主体是( )。

A. 国家安全生产监督管理总局

B. 其共同的上一级人民政府安全生产监督管理部门

C. 省、自治区和直辖市安全生产监督管理部门

D. 设区的市级安全生产监督管理部门

28. 非煤矿山建设项目安全设施设计完成后,生产经营单位应当按照相关规定向安全生产监督管理部门提出审查申请。未予批准的,生产经营单位经过整改后应向( )。

A. 原审查部门申请再审

B. 原委托的安全评价机构申请再验收

C. 原建设项目设计部门申请再审

D. 原建设行政主管部门申请再审

29. 某企业检修班组员工甲在家长休,一年后回企业继续从事原工作。甲重新上岗前负责对其进行安全教育培训工作的单位或者部门是(   )。
    A. 企业安全管理部门   B. 企业人事资源部门
    C. 甲所在车间   D. 甲所在班组

30. 某小区一住宅电梯检验有效期截至 2012 年 11 月 8 日,该小区物业管理公司应于 2012 年 10 月 8 日前向相应的(   )申报定期检验。
    A. 安全生产监督管理部门   B. 质量技术监督管理部门
    C. 住房城乡建设管理部门   D. 特种设备检验检测机构

31. 根据《安全生产事故隐患排查治理暂行规定》(国家安全监管总局令第 16 号),下列说法中,错误的是(   )。
    A. 生产经营单位对承包单位的事故隐患排查治理负有监督管理的职责
    B. 生产经营单位应保证事故隐患治理所需的资金
    C. 一般事故隐患由生产经营单位组织整改
    D. 重大事故隐患由生产经营单位安全管理部门组织制定整改方案

32. 某特种设备检修单位检修一台中型塔式起重机,根据此次设备检修作业的危险、有害因素辨识结果,除采取清理作业现场、防火、防高空坠落等措施外,还应(   )。
    A. 设置作业管制区,保证安全距离
    B. 作业前对检修作业人员进行健康体检
    C. 向发包方缴纳风险抵押金
    D. 向发包方提供安全标准化等级证书

33. A 省 B 市 C 县某煤矿企业主要负责人和安全生产管理人员的安全培训工作应由(   )组织。
    A. A 省安全生产监督管理部门   B. A 省煤矿安全监察机构
    C. B 市安全生产监督管理部门   D. B 市煤矿安全监察机构

34. 根据《生产经营单位安全培训规定》(国家安全监管总局令第 3 号),道路交通运输企业安全生产管理人员的安全生产管理初次培训时间不得少于(   )学时。
    A. 48   B. 36
    C. 32   D. 24

35. 根据《生产经营单位安全培训规定》(国家安全监管总局令第 3 号),生产经营单位应当对新上岗从业人员开展厂、车间和班组三级安全教育。班组安全培训教育的内容主要是岗位之间工作衔接配合、作业过程的安全风险分析方法和控制对策、有关事故案例,以及(   )等。
    A. 本单位安全生产规章制度   B. 岗位安全操作规程
    C. 从业人员安全生产权利和义务   D. 安全生产管理目标

36. 某特种作业人员在特种作业操作证有效期内从事本工种作业,已连续工作 10 年。根据有关特种作业操作证复审的规定,无特殊情况,该作业人员复审的年限是(   )年。
    A. 3   B. 5
    C. 6   D. 8

37. 某氧化铝厂磨碎车间的一名电工调至焙烧车间工作,该电工调整工作岗位后的安全生产教育培训工作应由( )实施。

    A. 特种作业培训机构   B. 厂安全生产管理部门

    C. 焙烧车间   D. 磨碎车间

38. 根据《安全生产事故隐患排查治理暂行规定》(国家安全监管总局令第16号),对挂牌督办并责令全部或者局部停产停业治理的重大事故隐患,安全监管监察部门收到生产经营单位恢复生产的申请报告后,应根据审查结果采取相应的处置措施。下列处置措施中,错误的是( )。

    A. 审核合格的,同意恢复生产

    B. 审核不合格的,责令改正或下达停产整改指令

    C. 拒不执行整改指令的,依法实施行政处罚

    D. 不具备安全生产条件的,由安全监督管理部门予以关闭

39. 根据《安全生产事故隐患排查治理暂行规定》(国家安全监管总局令第16号),生产经营单位应建立健全事故隐患排查治理制度,发现重大事故隐患的应立即向安全监管部门报告。下列内容中,通常不属于重大事故隐患报告内容的是( )。

    A. 隐患治理经费来源   B. 隐患的治理方案

    C. 隐患产生的原因   D. 隐患的危害程度

40. 生产过程中产生的职业危害因素包括化学因素、物理因素和生物因素。下列各类职业危害因素中,属于物理因素的是( )。

    A. 触电、窒息   B. 高空坠落、物体打击

    C. 噪声、辐射   D. 窒息、高温

41. 企业生产经营活动的职业有害因素来源于生产过程、劳动过程以及生产环境。下列职业有害因素中,属于劳动过程中的有害因素是( )。

    A. 粉尘   B. 不良体位

    C. 高温   D. 硫化氢

42. 在作业场所中可能接触的电磁辐射包括非电离辐射、电离辐射。下列电磁辐射中,属于电离辐射的是( )。

    A. 高频和微波   B. 红外线和 X 射线

    C. 紫外线和激光   D. 氢子体和高能电子束

43. 在生产经营活动中,生产或使用的化学物质散发到工作环境中,会对劳动者的健康产生危害,这些化学物质称为生产性毒物。下列关于生产性毒物及其危害的说法中,错误的是( )。

    A. 毒性大小可以用引起某种毒性反应的剂量表示

    B. 毒物进入人体内需要达到一定剂量才会引起中毒

    C. 毒性大的物质其危害性一定大

    D. 烟酒嗜好往往增加毒物的毒性作用

44. 安全生产监督管理部门依法对生产经营单位进行职业卫生监督。下列说法中,错误的是( )。

    A. 依法取得相应资质的职业健康技术服务机构,应当向安全生产监督管理部门登记

备案

B. 安全生产监督管理部门应监督检查生产经营单位建设项目职业卫生"三同时"

C. 发生职业危害事故时,卫生部门应当依照国家有关规定报告事故和组织事故的调查处理

D. 安全生产监督管理部门履行监督检查职责时,对不符合国家标准、行业标准的设施、设备、器材予以查封或者扣押

45. 根据《特种劳动防护用品安全标志实施细则》(安监总规划字〔2005〕149 号),下列按照防止伤亡事故的用途进行分类的是( )。

A. 防坠落用品、防触电用品、防机械外伤用品

B. 防护服类、防护鞋类、防坠落护具类

C. 呼吸器官防护用品、眼部防护用品、躯干防护用品

D. 防尘用品、防毒用品、防辐射用品

46. 生产经营用品单位必须为从业人员提供符合国家标准或行业标准的劳动防护用品。下列有关劳动防护用品管理的做法中,错误的是( )。

A. 根据员工工作场所中的职业危害因素及危害程度配置

B. 教育员工正确使用劳动防护用品

C. 免费向员工提供符合国家规定的劳动防护用品

D. 发放现金要求员工到指定商店购买劳动防护用品

47. 生产经营单位应统一采购劳动防护用品。到货后组织相关人员进行验收。下列做法中,错误的是( )。

A. 查验生产许可证、产品合格证

B. 查验安全鉴定证、安全标志

C. 查验机构代码证、生产许可证

D. 作外观检查,必要时试验

48. 甲、乙两家施工企业分别承包丙建设单位两个标段的土建工程,并签订了安全生产管理协议,明确了各自的安全生产管理职责。下列有关安全生产管理协议的内容中,正确的是( )。

A. 丙企业负责制定施工安全技术措施

B. 甲、乙企业的施工安全技术措施可以通用

C. 丙企业负责甲、乙企业的现场安全管理

D. 甲、乙企业不得擅自将工程转包、分包

49. 乙企业承包甲企业某建设项目。下列对现场安全管理的做法中,正确的是( )。

A. 现场施工作业应由甲方进行作业安全风险分析

B. 甲、乙双方的安全监督人员均有现场监督责任

C. 甲方应组织对乙方施工用起重机械设备进行使用前验收

D. 建设项目开工后,甲方无权决定终止合同的执行

50. 甲企业拟将一废弃厂房的拆除工程发包给乙企业。依据安全生产法律法规要求,甲企业无须审核乙企业的( )。

A. 拆除工程资质及安全生产许可证

B. 主要负责人及安全生产管理人员安全资格

C. 安全生产奖惩制度

D. 近三年安全施工记录

51. 事故应急救援的总目标是通过应急救援行动,尽可能地降低事故的危害,包括人员伤亡、财产损失和环境破坏等,应急救援工作的首要任务是(   )。

　　A. 控制危险源　　　　　　　　　　　B. 营救受害人员

　　C. 消除危害后果　　　　　　　　　　D. 查清事故原因

52. 某单位针对可能发生的液氨储罐氨气泄漏事故,制定相应的应急处置措施。下列应急救援人员佩戴个体防护装备的做法中,正确的是(   )。

　　A. 佩戴隔离式呼吸器,穿防酸工作服

　　B. 佩戴自给正压式呼吸器,穿防静电工作服

　　C. 佩戴过滤式防毒面具,穿阻燃防护服

　　D. 佩戴长管面具,穿防酸工作服

53. 某企业在一次液氯泄漏事故的应急救援中,对事故的发展态势及影响及时进行了动态监测,建立现场和场外的监测和评估程序。下列做法中,正确的是(   )。

　　A. 现场应急结束后,终止现场和场外监测

　　B. 现场恢复阶段,终止现场和场外监测

　　C. 将监测与评估的结果作为实施周边群众保护措施的重要依据

　　D. 可燃气体监测优先有毒有害气体监测

54. 桌面演练是一种圆桌讨论或演习活动,其目的是为了提高协调配合及解决问题的能力,使各级应急部门、组织和个人明确、熟悉应急预案中所规定的(   )。

　　A. 风险预警　　　　　　　　　　　　B. 职责和程序

　　C. 应急响应　　　　　　　　　　　　D. 应急措施

55. 甲市具有一级建筑资质的 A 企业承包了乙市的某建设项目。因工作量较大,按照合同要求,将部分工程分包给丙市的 B 企业和丁市的 C 企业,A 企业分别与 B、C 企业签订了安全协议。在作业过程中,发生一起安全生产事故,造成 A 企业 1 人死亡、B 企业 2 人死亡、C 企业 3 人重伤。按照相关法律规定,负责组织事故调查的是(   )人民政府。

　　A. 甲市　　　　　　　　　　　　　　B. 乙市

　　C. 丙市　　　　　　　　　　　　　　D. 丁市

56. 根据《生产安全事故报告和调查处理条例》(国务院令第 493 号),应逐级上报至省级人民政府负有安全生产监督管理职责部门的事故等级是(   )。

　　A. 一般事故　　　　　　　　　　　　B. 较大事故

　　C. 9 人重伤　　　　　　　　　　　　D. 900 万元

57. 某煤矿发生瓦斯爆炸,救护队连续工作 20 多小时,先后发现 28 名人员遇难。次日寻找唯一一名失踪人员时,井下发生二次爆炸,造成 5 名救护队员死亡。根据《生产安全事故报告和调查处理条例》(国务院令第 493 号),这起事故的等级是(   )。

　　A. 特别重大事故　　　　　　　　　　B. 重大事故

　　C. 较大事故　　　　　　　　　　　　D. 一般事故

58. 根据《生产安全事故报告和调查处理条例》(国务院令第 493 号),下列关于生产安全事

故调查组的人员构成、主要工作程序与任务、责任和权力的说法中,正确的是( )。

A. 事故调查实行"政府领导、专家负责"的原则

B. 事故调查组的职责应包括事故防范措施的落实

C. 必要时,调查组可以直接组织专家进行技术鉴定

D. 较大事故调查组的成员组成应包括事故发生单位技术人员

59. 某企业在进行下水道清污作业时,发生中毒和窒息事故。下列事故原因中,属于间接原因的是( )。

A. 未按规定设计强制通风设施

B. 未进行有毒气体检测

C. 从业人员未按规定佩戴呼吸器

D. 现场未按规定配备监护人员

60. 某矿山企业在露天爆破作业过程中,部分作业人员未及时撤离至安全区域。爆炸冲击波造成 1 人死亡,1 人重伤。这起事故的性质是( )。

A. 火药爆炸引起的责任事故　　　　B. 火药爆炸引起的非责任事故

C. 放炮引起的责任事故　　　　　　D. 放炮引起的非责任事故

61. 事故调查应当坚持实事求是、尊重科学的原则,查明事故发生的原因,认定事故的性质和责任。事故性质和责任认定的主要依据是( )。

A. 对事故单位主要负责人的问询情况

B. 对事故现场的目击者的问询结果

C. 被验证的问询或者技术鉴定结果

D. 事故的经济损失和伤亡情况

62. 事故发生后,企业应立即进行上报,报告内容包括事故发生的时间、地点、事故现场情况、事故的简要经过、事故已经造成或者可能造成的伤亡人数(包括下落不明的人数)和初步评估的直接经济损失、已经采取的措施,以及( )。

A. 事故发生单位概况　　　　　　　B. 事故间接经济损失

C. 相关领导在现场指挥情况　　　　D. 现场影像资料

63. 企业发生安全生产事故后,应针对事故发生的原因,制定相应的安全技术和管理措施。下列措施中,不属于安全管理措施的是( )。

A. 制定相关人员安全培训计划　　　B. 完善企业设备管理制度

C. 明确设备管理责任　　　　　　　D. 用无毒物质代替有毒物质

64. 某煤矿由高瓦斯矿井变为煤与瓦斯突出矿井后,仍按高瓦斯矿井管理。在进行下水平巷道延伸时发生煤与瓦斯突出事故,大量瓦斯涌入运输大巷,遇到电机车电火花发生瓦斯爆炸。造成这起事故的间接原因是( )。

A. 电机车火花　　　　　　　　　　B. 高瓦斯矿井管理

C. 大量瓦斯涌出　　　　　　　　　D. 巷道地应力严重

65. 隐患整改措施是否科学、合理直接影响到隐患整改的效果。制定隐患整改措施时应优先考虑( )。

A. 隐患整改资金　　　　　　　　　B. 风险评价结果

C. 安全教育措施　　　　　　　　　D. 个体防护措施

66. 统计的主要工作就是对统计数据进行统计描述和统计推断。统计描述是对资料的数量特征及其分布规律进行测定和描述,统计推断则是通过抽样等方式进行样本估计总体特征的过程。下列关于统计描述和统计推断的说法中,正确的是(　　)。

A. 计量资料的统计描述主要是通过编制频数分布表和构成指标来进行

B. 参数估计就是通过区间估计来估计总体特征

C. 计数资料的统计描述通常采用相对数指标来进行

D. 假设检验只能用于判断样本与总体的差异是如何引起的

67. 为研究某地区铸造行业从业人员职业病发病规律,某机构进行了队列研究,观察资料见下表:

时间起始/年	观察人数	患病病例总数	新发病例数
2007~2009	2200	40	30

由上述资料可以得出该地区观察期间,铸造行业职业病的发病率为(　　)。

A. 0.91% 　　　　　　　　　　　　　B. 1.36%

C. 1.82% 　　　　　　　　　　　　　D. 3.18%

68. 为防止事故重复发生,应加强事故统计分析工作。事故统计分析是通过合理地收集与事故有关的资料、数据,并应用科学的统计方法,对大量数据进行整理、加工、分析和推断,从而找出(　　)。

A. 事故的直接经济损失 　　　　　　B. 产品质量期望值

C. 事故发生的规律 　　　　　　　　D. 事故的间接经济损失

69. 事故统计指标通常分为绝对指标和相对指标。下列生产事故统计指标中,属于相对指标的是(　　)。

A. 死亡人数 　　　　　　　　　　　B. 千人死亡率

C. 损失工作日 　　　　　　　　　　D. 直接经济损失

70. 某市统计该市 2011 年生产安全事故死亡人数 15 人、职业病发病死亡人数 30 人以及人口自然死亡人数为 2955 人,该市平均人口为 100 万。该市 2011 年粗死亡率是(　　)。

A. 1.8% 　　　　　　　　　　　　　B. 0.3%

C. 3% 　　　　　　　　　　　　　　D. 0.1%

二、多项选择题(共 15 题,每题 2 分。每题的备选项中,有 2 个或 2 个以上符合题意,至少有 1 个错项。错选,本题不得分;少选,所选的每个选项得 0.5 分)

71. 根据《特种作业人员安全技术培训考核管理规定》(国家安全监管总局令第 30 号),下列作业中,属于特种作业的有(　　)。

A. 低压电工作业 　　　　　　　　　B. 等离子切割作业

C. 机床车工作业 　　　　　　　　　D. 矿山井下支柱作业

E. 磺化工艺作业

72. 安全预评价和安全验收评价划分评价单元的方式有所不同。下列划分评价单元的方式中,属于安全预评价的有(　　)。

A. 自然条件 　　　　　　　　　　　B. 辅助设施配套性

C. 危险和有害因素分布及状况 　　　D. 应急救援有效性

E. 基本工艺条件

73. 根据《企业职工伤亡事故分类标准》(GB 6441—1986),下列关于事故分类的说法,正确的有(　　)。
   A. 电工在高处进行带电作业过程中,因触电导致的高处坠落伤亡事故应为高处坠落事故
   B. 电工在高处进行带电作业过程中,因触电导致的高处坠落伤亡事故应为触电事故
   C. 压力容器爆炸产生的个别飞散物(爆炸碎片)击伤人员的事故应为物体打击事故
   D. 压力容器爆炸产生的个别飞散物(爆炸碎片)击伤人员的事故应为容器爆炸事故
   E. 电焊作业过程中,因焊渣引发火灾进而造成电焊工皮肤灼烫的伤人事故应为火灾事故

74. 新建项目进行安全验收评价时,评价机构首先需要依据建设项目前期技术文件要求,对安全生产保障实施情况和相关对策措施的落实情况进行评价。建设项目前期技术文件主要包括(　　)。
   A. 安全预评价报告   B. 可行性研究报告
   C. 安全现状评价报告   D. 现场灾害事故报告
   E. 初步设计中安全卫生专篇

75. 某企业准备新建苯二甲酸工艺流程生产线,拟参照附近相同工厂工艺特点推断存在的危险、有害因素,同时采用预先危险性分析法进行辨识。该企业提出的危险、有害因素辨识方法包括(　　)。
   A. 对照、经验法   B. LEC 法
   C. 风险概率法   D. 系统安全分析法
   E. 事故案例法

76. 某地铁建设项目在进行可行性研究时,需要对其进行安全生产条件论证。下列论证内容中,应纳入安全条件论证报告的有(　　)。
   A. 当地自然条件对建设项目安全生产的影响
   B. 建设项目对周边设施(单位)生产、经营活动在安全方面的相互影响
   C. 建设项目与周边居民生活在安全方面的相互影响
   D. 法律法规等方面的符合性
   E. 人员管理和安全培训方面的评价

77. 甲某是某肉联企业冷库职工,从事生鲜肉的冷冻工作。根据有关规定,甲某必须接受安全教育培训。下列内容中,属于甲某必须接受安全教育培训的有(　　)。
   A. 制冷作业安全技术理论   B. 制冷作业实际操作技能
   C. 无损检测技术理论   D. 岗位安全教育培训
   E. 热切割安全技术理论

78. 安全带是从业人员从事高处作业时必须配备的防坠落护具,每次使用前应对其进行检查。下列检查结果中,符合规定的有(　　)。
   A. 组件完整,绳索无扭结   B. 在有效期使用时间之内
   C. 绳索需编织,无铆钉加固   D. 活梁卡子表面无滚花
   E. 配备的防坠器制动可靠

79. 某年4月12日,施工队长王某发现提升吊篮的钢丝绳有断股,要求班长张某立即更换。次日,班长张某指派钟某更换钢丝绳,继续安排其他工人施工。钟某为追求进度,擅自决定先把7名工人送上6楼施工,再换钢丝绳。当吊篮接近4层时钢丝绳断裂,造成3人死亡。下列安全生产事故责任认定中,正确的有(   )。

A. 钟某是事故直接责任者　　　　　　B. 王某负有事故的领导责任

C. 王某是事故直接责任者　　　　　　D. 张某是事故直接责任者

E. 钟某负有事故的领导责任

80. 本质安全是通过设计等手段使生产设备或生产系数、建设项目本身具有安全性,即使在误操作情况下也不会造成人员伤亡。下列属于本质安全设计的有(   )。

A. 失误—安全功能　　　　　　　　　B. 事故—接触

C. 控制缺陷—管理　　　　　　　　　D. 故障—安全设计

E. 修复或急救—功能

81. 按照能量意外释放理论观点,预防伤害事故主要是防止能量或危险物质的意外释放,防止人体与过量的能量或危险物质相接触。关于防止能量意外释放的措施主要包括(   )。

A. 防止能量蓄积　　　　　　　　　　B. 设置屏蔽设施

C. 开辟释放能量的渠道　　　　　　　D. 减少管理缺陷

E. 改变工艺流程

82. 定性安全评价方法主要是根据经验和直观判断,对生产系统的工艺、设备、设施、环境、人员和管理方面的状况进行分析或评价。下列属于定性安全评价方法的有(   )。

A. 安全检查表　　　　　　　　　　　B. 危险可操作性研究

C. 危险指数评价法　　　　　　　　　D. 概率风险评价法

E. 因素图分析法

83. 重大危险源的评价应以单元为评价对象。下列评价对象中,可以划分为同一个单元进行评价的有(   )。

A. 同一堤坝内的全部储罐　　　　　　B. 同一厂房内的装置

C. 敷设在地上的管道　　　　　　　　D. 同一楼层的全部设备系统

E. 分布于不同楼层介质相连的设备系统

84. 根据《企业职工伤亡事故分类》(GB 6441—1986),下列危险、有害因素中,属于不安全行为的有(   )。

A. 未锁紧开关　　　　　　　　　　　B. 工具存放不当

C. 机器运转时修理　　　　　　　　　D. 防护装置缺乏

E. 拆除安全装置

85. 我国职业危害申报工作实行属地化管理。下列有关职业危害申报工作的要求中,正确的有(   )。

A. 企业是申报的责任主体

B. 新建项目竣工验收之日起30日内应进行申报

C. 作业场所职业危害每年申报一次

D. 卫生监督部门是申报的接受部门

E. 企业终止生产经营活动后,不再履行报告责任

2012 年度全国注册安全工程师执业资格考试试卷

参考答案

一、单项选择题

1. C	2. C	3. D	4. B	5. B
6. A	7. C	8. C	9. B	10. A
11. B	12. A	13. C	14. A	15. B
16. C	17. B	18. B	19. D	20. B
21. B	22. C	23. D	24. D	25. C
26. D	27. B	28. A	29. C	30. D
31. D	32. A	33. B	34. C	35. B
36. C	37. C	38. D	39. A	40. C
41. B	42. D	43. C	44. C	45. A
46. D	47. C	48. D	49. B	50. C
51. B	52. C	53. C	54. B	55. B
56. B	57. A	58. C	59. D	60. C
61. D	62. A	63. D	64. B	65. B
66. C	67. B	68. C	69. B	70. B

二、多项选择题

71. ABDE	72. ACE	73. BDE	74. ABE	75. AD
76. ABCD	77. ABD	78. ABE	79. AB	80. AD
81. ABCE	82. ABE	83. AB	84. ABCE	85. ABC

2013 年度全国注册安全工程师执业资格考试试卷

一、**单项选择题**(共 70 题,每题 1 分。每题的备选项中,只有 1 个最符合题意)

1. 某公司是以重油为原料生产合成氨、硝酸的中型化肥厂,某日发生硝铵自热自分解爆炸事故,事故造成 9 人死亡、16 人重伤、52 人轻伤,损失工作日总数 168000 个,直接经济损失约 7000 万元。根据《生产安全事故报告和调查处理条例》(国务院令第 493 号),该起事故等级属于(   )。
   A. 特别重大事故
   B. 重大事故
   C. 较大事故
   D. 一般事故

2. 某天燃气厂一作业区二站新更换的分离器液位计玻璃板正常生产中突然爆裂,发生天燃气泄漏。站长杨某、值班员王某、赵某按照应急处理方案更换了玻璃板,试压合格后,恢复正常生产。3 小时后,分离器液位计玻璃板再一次爆裂,杨某立即组织关井、关站,并控制气源、火源。造成液位计玻璃板爆裂的直接原因是(   )。
   A. 王某、赵某操作失误
   B. 杨某违章指挥
   C. 玻璃板材质存在缺陷
   D. 应急处置不当

3. 某铸造厂生产的铸铁管在使用过程中经常出现裂纹,为从本质上提高铸铁管的安全性,应在铸造的(   )阶段开展相关完善工作。
   A. 设计
   B. 安装
   C. 使用
   D. 检修

4. 某公司总结出了"01467"安全管理模式。其内涵是:0—事故为零的目标;1——把手是企业安全第一责任者;4—全员、全过程、全方位、全天候的安全管理和监督;6—安全法规标准系列化、安全管理科学化、安全培训实效化、生产工艺设备安全化、安全卫生设施现代化、监督保证体系化;7—规章制度保证体系、事故抢救保证体系、设备维护和隐患整改保证体系、安全科研与防范保证体系、安全检查监督保证体系、安全生产责任制保证体系、安全教育保证体系。其中"1"和"4"运用的安全管理原则和原理分别是(   )。
   A. 人本原理的安全第一原则和系统原理
   B. 强制原理的安全第一原则和系统原理
   C. 预防原理的 3E 原则和强制原理
   D. 系统原理的行为原则和人本原理

5. 锻造车间针对人员误操作断手事故多发,以及锻造机长期超负荷运行造成设备运行温度过高的问题,遵循本质安全理念,开展了技术改造和革新。下列安全管理和技术措施中,属于本质安全技术措施的是(   )。
   A. 断手事故处设置警示标志
   B. 采取排风措施降低设备温度
   C. 锻造机安装双按钮开关
   D. 缩短锻造设备连续运行时间

6. 某公司锅炉送风机管理系统堵塞,仪表班班长带领两名青年员工用 16.5MPa 的二氧化碳气体,直接对堵塞的管路系统进行吹扫,造成非承压风量平衡桶突然爆裂,导致一青年员工腿骨骨折。按照博德事故因果连锁理论,这起事故的征兆是(   )。

A. 风量平衡桶材质强度不够　　　　B. 用 16.5MPa 气体直接吹扫

C. 员工个体防护缺陷　　　　　　　D. 青年员工安全意识淡薄

7. 为加强安全生产宣传教育工作,提高全民安全意识,我国自 2002 年开始开展"安全生产月"活动,每年的"安全生产月"活动都有一个主题,2013 年开展的第 12 个"安全生产月"活动的主题是(　　)。

A. 强化安全基础、推动安全发展　　B. 关爱生命健康、责任重于泰山

C. 坚持安全发展、确保国泰民安　　D. 坚持安全发展、建设和谐社会

8. 依据《企业安全生产标准化基本规范》(AQ/T 9006—2010),生产经营单位建设项目的所有设备设施应实行全生命周期管理。下列关于设备设施全生命周期管理的说法中,正确的是(　　)。

A. 安全设施投资应纳入专项资金管理,但不纳入建设项目概算

B. 主要生产设备设施变更应执行备案制度,并及时向地方政府相关部门汇报

C. 安全设施随生产设备改造同步拆除时,应采取临时安全措施,改造完成后立即恢复

D. 拆除生产设备设施涉及到危险物品时,应及时向地方政府相关部门汇报

9. 某金属露天矿山为了节省开支,拟将建设项目安全预评价和验收评价工作整体委托。露天矿项目经理就安全预评价和验收评价的机构和评价人等相关问题咨询了有关人员。依据《安全评价机构管理规定》,下列关于安全评价委托的说法中,正确的是(　　)。

A. 预评价和验收评价可由同一评价机构承担,评价人员可以相同

B. 预评价和验收评价可由同一评价机构承担,评价人员必须不同

C. 同一对象的预评价和验收评价应由不同评价机构承担

D. 经主管部门同意,预评价和验收评价可由同一评价机构承担

10. 小李、小赵和小孙一起实施矿井爆破作业,在瓦斯检查员不在现场的情况下,小李实施了爆破作业,爆破引发了瓦斯爆炸,小赵和小孙当场被炸成重伤。依据《企业职工伤亡事故分类标准》(GB 6441—1986),该起重伤事故属于(　　)。

A. 物体打击　　　　　　　　　　　B. 冒顶片帮

C. 放炮　　　　　　　　　　　　　D. 瓦斯爆炸

11. 某家具生产公司的施工机械有电刨、电钻、电锯等,还有小型轮式起重机、叉车、运输车辆等设备。主要的生产过程包括材料运输和装卸、木材烘干、型材加工、组装、喷漆等工序。依据《企业职工伤亡事故分类标准》(GB 6441—1986),该家具公司喷漆工序存在的危险、有害因素有(　　)。

A. 火灾、中毒窒息、其他爆炸　　　B. 火灾、机械伤害、电离辐射

C. 坍塌、放炮、灼烫　　　　　　　D. 坍塌、中毒窒息、淹溺

12. 危险与可操作性研究(HAZOP)是一种定性的安全评价方法。它的基本过程是以关键词为引导,找出过程中工艺状态的偏差,然后分析找出偏差的原因、后果及可采取的对策。下列关于 HAZOP 评价方法的组织实施的说法中,正确的是(　　)。

A. 评价涉及众多部门和人员,必须由企业主要负责人担任组长

B. 评价工作可分为熟悉系统、确定顶上事件、定性分析 3 个步骤

C. 可由一位专家独立承担整个 HAZOP 分析任务,小组评审

D. 必须由一个多专业且专业熟练的人员组成的工作小组完成

13. 安全文化由安全物质文化、安全行为文化、安全制度文化、安全精神文化组成。安全文化建设是通过创造一种良好的安全人文氛围和协调的人机环境,引导员工主动遵章守纪,养成良好的安全行为习惯。安全文化建设的目标是( )。

A. 全员参与   B. 以人为本

C. 持续改进   D. 综合治理

14. 某企业高度重视安全文化建设,积极开展劳动竞赛和评先评优等多种形式安全活动,营造良好的安全文化氛围。该企业每年度开展安全岗位标兵表彰活动,主要发挥了企业安全文化的( )功能。

A. 辐射   B. 凝聚

C. 激励   D. 同化

15. F 公司是一家电子生产企业,厂区占地面积达 2000m × 1800m,厂区西南角有一个制氢站(下风向),占地约 50m × 60m。燃气锅炉房位于制氢站东 650m,锅炉房内有 3 台额定功率为 2.5MPa,额定蒸发量为 10t/h 的蒸汽锅炉(其中 1 台备用)。电镀车间紧邻锅炉房,车间内临时存放少量氰化钾等危险化学品,厂区西北角有危险化学品库房,占地约为 40m × 40m。依据《危险化学品重大危险源辨识》(GB 18218—2009),F 公司在运行重大危险源辨识时应划分为( )个单元。

A. 1   B. 2

C. 3   D. 4

16. 液氨发生事故的形态不同,其危害程度差别很大。安全评价人员在对液氨罐区进行重大危险源评价时,事故严重度评价应遵守( )原则。

A. 最大危险   B. 概率求和

C. 概率乘积   D. 频率分析

17. M 公司是一家铜矿开采企业,有从业人员 200 人;N 公司是一家纺织企业,有从业人员 280 人。王某和李某是 S 安全技术服务公司员工。依据《安全生产法》,下列有关两家企业安全管理机构设置和人员配置做法中,正确的是( )。

A. M 公司未设置安全生产管理机构,配备了 3 名兼职安全生产管理人员

B. M 公司委托王某负责本公司的安全管理工作

C. N 公司未设置安全生产管理机构,配备了 1 名兼职安全生产管理人员

D. N 公司委托李某负责本公司的消防安全管理工作

18. 某市安全生产监督管理局在调查处理一起股份制企业因安全生产投入不足造成的生产安全事故时,就安全生产投入的责任主体发生了分歧。依据《安全生产法》,该企业保证安全生产投入的主体应是( )。

A. 投资人   B. 总经理

C. 董事长   D. 董事会

19. M 煤化工企业安全生产风险抵押金存储在 B 代理银行。根据市场和企业战略发展需要,该企业依法转型为路桥施工企业。依据《企业安全生产风险抵押金管理暂行办法》(财建[2006]369 号),下列关于安全生产风险抵押金管理的说法中,正确的是( )。

A. 原风险抵押金自然结转存储

B. 重新核定,补齐存储差额

C. B 代理银行 1 个月内退还原风险抵押金

D. M 企业自主支配其原风险抵押金专户存储资金

20. 某建筑施工企业,承建了一大型化工建设项目,安全管理部门编制了安全技术措施计划,其中一项为环氧乙炔储罐安装安全技术措施计划,其内容包括应用单位、具体内容、经费预算、实施部门和负责人、预期效果。根据安全技术措施计划的编制内容规定,该安全技术措施还应包括(　　)等。

A. 编制依据、应急处置方案、政府批文

B. 编制依据、经费来源、政府批文

C. 经费来源、开竣工日期、措施的检查验收

D. 开竣工日期、安全施工协议、应急处置方案

21. 某大型商场地下一层、地下二层经营金银印刷品及电器产品,地上一层至三层经营服装类商品,四层、五层经营餐饮。为加强商场安全管理,商场将地下一层、二层从事电器销售的摊位调整到地上二层,并对电器销售金属柜(架)采取整体接地措施;在电梯等入口处张贴警示标识;对临空栏杆增加玻璃围挡;禁止餐饮商户用明火烧烤;在人员密集区域增加监控摄像头及逃生疏散标识。下列关于商场采取的安全技术措施中,优先次序正确的是(　　)。

A. 电梯等入口处张贴警示标识;人员密集场所增加监控摄像头;播放消防知识

B. 禁止餐饮明火烧烤;电器销售金属柜(架)整体接地;临空栏杆增加玻璃围挡

C. 加强人员安全培训;人员密集场所增加监控摄像头;增设警示及逃生标识

D. 人员密集场所增加监控摄像头;加强人员安全培训;电器金属框(架)整体接地

22. 根据规定,生产经营单位新建工程项目的安全设施,必须与主体工程同时设计、同时施工、同时投入生产和使用。某商场的建设项目设备设施布置示意图如下图所示。下列设备设施中,属于安全设施的是(　　)。

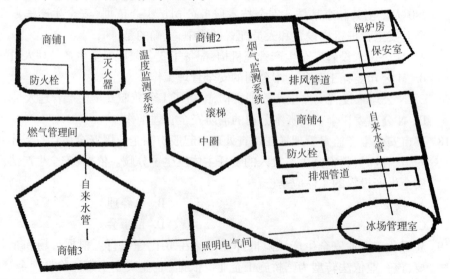

A. 照明电气间、燃气管道间、滚梯　　　　B. 温度监测系统、排风管道、锅炉房

C. 保安室、自来水管、冰场管理室　　　　D. 防火栓、灭火器、烟气监测系统

23. 依据国家有关规定,生产危险化学品的建设项目安全设施设计完成后,建设单位应当向

安全生产监督管理部门申请建设项目安全设施设计审查并提交相关资料,需要提交的资料是(　　)。

A. 建设项目初步设计报告及安全专篇;建设项目安全预评价报告及相关文件资料;建设单位的资质证明文件(复印件)

B. 建设项目审批、核准或者备案的文件;建设项目安全设施设计审查申请;监理单位的资质证明文件(复印件)

C. 建设项目审批、核准或者备案的文件;建设项目初步设计报告及安全专篇;建设项目安全预评价报告及相关文件资料

D. 设计单位的设计资质证明文件(复印件);建设项目初步设计报告及安全专篇;安全环境评价报告

24. 建设项目竣工后,依据国家有关规定,建设项目需要试运行(包括生产、使用)的,应当在正式投入生产或者使用前进行试运行。除国家有关部门有规定或者特殊要求的行业外,试运行时间应当不少于30日,最长不得超过(　　)日。

A. 90
B. 180
C. 270
D. 365

25. 某企业将电梯的日常维护保养委托给具备资质的单位进行,签订了维护保养协议。依据《特种设备安全监察条例》(国务院令第373号),维保单位进行清洁、润滑、调整和检查的周期应不低于(　　)日。

A. 15
B. 30
C. 60
D. 90

26. 甲企业设备管理部门将起重机大修工作委托给具有资质的乙公司进行,双方制订了详细的安全管控措施。下列安全措施中,错误的是(　　)。

A. 甲、乙双方签订了安全管理协议,明确了双方安全职责和要求

B. 甲方安全主管部门对乙方作业人员进行了安全教育和交底

C. 现场指定了专门负责人,用警示带对现场进行了围挡

D. 大修完成后,经甲企业检测、检验合格后可以投入使用

27. 我国通过实施行政许可制度、监督检查制度以及事故应对和调查处理机制,贯彻落实特种设备监察工作。其中行政许可制度是指(　　)。

A. 市场准入和人员资格准入制度

B. 市场准入和设备准用制度

C. 危机处理和人员资格准入制度

D. 行政执法和设备准用制度

28. 《安全生产法》规定:"生产经营单位的主要负责人和安全生产管理人员必须具有与本单位所从事的生产经营活动相应的安全生产知识和管理能力"。生产经营单位的安全生产管理人员是指(　　)。

A. 所有专职安全生产管理人员

B. 所有专、兼职安全生产管理人员

C. 安全生产主管部门负责人以及所有专、兼职安全生产管理人员

D. 分管安全生产的副职、安全生产主管部门负责人以及所有专、兼职安全生产管理

人员

29. 某建筑公司数名电工的特种作业操作证即将到期。根据国家对特种作业人员的要求，电工的操作证需要申请复审或延期复审。复审或延期复审前，其培训内容主要有相关安全法规、标准、事故案例及(   )等知识。

    A. 电气作业安全管理   B. 特种作业操作证管理

    C. 电气装置及电气作业安全要求   D. 新工艺、新技术、新设备

30. 某公司员工甲在工作中发生轻伤，休工 30 天后又回到原工作岗位继续工作。在复岗前甲需要接受(   )安全教育培训。

    A. 公司级、车间级、班组级   B. 车间级、班组级

    C. 车间级   D. 班组级

31. 某企业存在重大事故隐患，被当地人民政府挂牌督办。依据《安全生产事故隐患排查治理暂行规定》(国家安全生产监督管理总局令第 16 号)，下列关于隐患监督管理的说法中，正确的是(   )。

    A. 已经取得安全生产许可证的生产经营单位，在其被挂牌督办的重大事故隐患治理完成前，安全监管监察部门应当提请原许可证颁发机关依法暂扣其安全生产许可证

    B. 对挂牌督办并采取全部或者局部停产停业治理的重大事故隐患，安全监管监察部门收到生产单位恢复生产的申请报告后，应当在 10 日内进行现场审查

    C. 对整改无望或者生产经营单位拒不执行整改指令的，安全监管监察部门应当依法吊销其生产许可证

    D. 对不具备安全生产条件的重大事故隐患所在单位，安全监管监察部门应当依法予以关闭

32. 职业病危害因素按来源可分为生产过程、劳动过程和生产环境中产生的有害因素三类。生产过程中产生的职业病危害因素，按其性质可分为(   )。

    A. 接触因素、辐射因素、传染因素

    B. 物理因素、化学因素、生物因素

    C. 物理因素、化学因素、有毒因素

    D. 浓度因素、强度因素、生物因素

33. 职业病危害因素是危害劳动者健康、能导致职业病的有害因素。下列职业病危害因素中，属于劳动过程中产生的有害因素是(   )。

    A. 电焊作业产生的烟尘   B. 接触到的生物传染性病原物

    C. 炎热季节的太阳辐射   D. 使用不合理的工具

34. 某冶金企业生产机械制造用的高强钢，主要设备为步进梁式加热炉、轧机、冷床和与冷床并列布置的大盘卷生产线，生产过程中涉及高温、噪声、粉尘、热辐射等职业病危害因素。按照职业病危害因素来源分类，上述职业病危害因素中，属于化学因素的是(   )。

    A. 高温   B. 噪声

    C. 粉尘   D. 热辐射

35. 某焦化厂配煤操作岗位，检测出的粉尘浓度超过国家标准。工厂为降低粉尘浓度，减少对职工身体的危害，物料输送时采用水雾化喷洒尘、地面洒水等形式的湿式作业，但发现湿式作业对降低粉尘浓度的效果并不明显，其主要原因是(   )。

A. 粉尘比重较轻   B. 粉尘比重较重

C. 粉尘的亲水性强   D. 粉尘的亲水性弱

36. 我国作业场所职业卫生监督检查工作实行分级监管、属地管理,对生产经营单位作业场所职业病危害防治工作进行监督检查的单位是( )。

     A. 地方职业病防治所

     B. 地方职业病医院

     C. 县级以上地方人民政府安全生产管理部门

     D. 县级以上地方人民政府计划生育与卫生行政管理部门

37. 根据建设项目职业卫生"三同时"管理要求,新建、改建、扩建的工程建设项目和技术改造、技术引进项目,可能产生职业病危害的,建设单位应当组织编制职业病危害防治专篇。职业病危害防治专篇的编制应在( )阶段。

     A. 可行性研究   B. 初步设计

     C. 施工图设计   D. 施工建设

38. 依据《工作场所职业病危害警示标识》(GBZ 158—2003),工作场所职业病危害警示的图形标识按照所表达的涵义进行分类,可分为( )。

     A. 禁止标识、警告标识、指令标识、警示线

     B. 禁止标识、警告标识、指令标识、提示标识

     C. 限制标识、警示标识、提示标识、导向标识

     D. 限制标识、警告标识、指令标识、警示线

39. 为了提醒人们注意周围环境,以避免可能发生的事故,某冶金企业在煤气管道的排水器周边设置了"当心中毒"标识。依据《工作场所职业病危害警示标识》(GBZ 158—2003),该标识属于( )标识。

     A. 限制   B. 警告

     C. 提示   D. 指令

40. 甲某被一木材加工厂招收为电锯工,其工作环境有噪声、飞溅火花、钢屑等危害因素。木材厂应为甲某配备的特种劳动防护用品是( )。

     A. 手套   B. 呼吸器

     C. 防护眼镜   D. 耳塞

41. 某矿井下中央变电所的配电系统高压为10kV。为保证操作高压电气设备时的安全,电工必须穿戴的劳动防护用品是( )。

     A. 防水手套   B. 防静电手套

     C. 电绝缘鞋   D. 防电磁辐射服

42. 生产经营单位为职工配备的特种劳动防护用品,必须具有"三证一标志"。"三证一标志"是指( )。

     A. 生产许可证、产品合格证、检验合格证和安全标志

     B. 生产许可证、检验合格证、安全鉴定证和特种劳动防护用品标志

     C. 生产许可证、产品合格证、安全鉴定证和安全标志

     D. 产品合格证、检验合格证、安全鉴定证和特种劳动防护用品标志

43. 某安全管理人员在机加工车间检查,发现甲某操作铣床时穿紧身工作服,袖口扎紧;乙

某高速切削铸件时戴防护眼镜;丙某操作车床时戴一般防护手套;丁某清理铁屑时戴防尘口罩。上述操作行为中,存在隐患的人员是(   )。

A. 甲某   B. 乙某

C. 丙某   D. 丁某

44. 某冶金企业存在粉尘、噪声等职业危害。当地安全生产监督管理部门在检查中发现,该企业皮带输送机的粉尘浓度超标,同时企业发放给接触粉尘岗位职工的防尘口罩属于伪劣产品。针对这一问题,当地安全生产监督管理部门做出的处理决定是(   )。

A. 扣押安全生产许可证   B. 限期整改

C. 停产整顿   D. 上缴营业执照

45. 承包商管理是企业安全生产管理的重要组成部分。在承包商队伍进入作业现场前,应接受消防安全、设备设施保护及社会治安方面的教育,组织教育的责任主体是(   )。

A. 承包商   B. 发包企业

C. 建设行业行政主管部门   D. 安全生产监督管理部门

46. 事故应急救援的基本任务主要包括:一是立即组织营救受害人员,组织撤离或者采取其他措施保护危害区域内的其他人员。二是迅速控制事态,并对事故造成的危害进行检测、监测,评估事故的危害区域、危险性质及危害程度。三是消除危害后果,做好现场恢复。四是查清事故原因,评估事故危害程度。为完成第三项基本任务,应迅速采取的措施是(   )。

A. 隔离、减弱、监测、评估   B. 封闭、隔离、洗消、监测

C. 疏散、隔离、减弱、监测   D. 封闭、减弱、洗消、监测

47. 应急预案能否在应急救援中成功地发挥作用,不仅取决于应急预案自身的完善程度,还依赖于应急准备工作的充分性。下列工作范畴中,属于应急准备的是(   )。

A. 接警通知   B. 应急演练

C. 伤员救治   D. 事故调查

48. 应急演练实施是将演练方案付诸行动的过程,是整个演练程序中的核心环节。下列内容中,属于应急演练实施阶段的是(   )。

A. 演练方案培训、演练现场检查、演练执行、演练结束和领导点评

B. 现场检查确认、演练情况说明、演练执行、演练结束和现场点评

C. 落实演练保障措施、启动演练执行程序、结束演练和专家点评

D. 介绍演练人员及规则、演练启动与执行、演练结束和预案评审

49. 电焊、氩弧焊等作业过程中会产生紫外线职业危害。紫外线照射人体引起的职业病是(   )。

A. 职业性白内障   B. 滑囊炎

C. 电光性眼炎   D. 铬鼻病

50. 某石油化工企业在 A 省 B 市 C 县一天然气生产矿井发生井喷。井喷后作业人员应急处置不当。含有 H_2S 的有毒气体向下风向扩散,造成周围群众 13 人死亡,105 人急性中毒。依据《生产安全事故报告和调查处理条例》(国务院令493 号),负责组织此次事故调查的是(   )。

A. 国务院   B. A 省人民政府

C. B 市人民政府   D. C 县人民政府

51. 毒物的危害性不仅取决于毒物的毒性,还受生产条件、劳动者个体差异的影响。下列关于毒物危害性的说法中,正确的是( )。

  A. 同类有机化合物中卤族元素取代氢时,毒性减小

  B. 毒物在水中溶解度越小,其毒性越大

  C. 毒物沸点与空气中毒物浓度和危害程度成反比

  D. 氮气是一种无毒的惰性气体,不会产生危害性

52. A 市所辖 B 区一酒店发生火灾事故,导致 2 人死亡、5 人重伤。依照《生产安全事故报告和调查处理条例》(国务院令第 493 号)。下列关于此事故报告的说法中,正确的是( )。

  A. 事故发生后,酒店负责人应当在 2 小时内向 B 区安全生产监督管理部门报告

  B. B 区安全生产监督管理部门接到报告后,应于 2 小时内向 A 市安全生产监督管理部门报告

  C. A 市安全生产监督管理部门接到报告后,应当在 1 小时内向省人民政府安全生产监督管理部门报告

  D. 自事故发生之日起 30 日内伤亡人数发生变化时,酒店应当及时补报

53. 甲公司是一家危险化学品生产企业,因业务发展需要新建一个 3000 m^2 新厂房,乙建筑公司南方分公司为施工总包单位,在取得建筑施工许可证后,乙公司南方分公司在厂房基础开挖施工过程中发生坍塌事故,导致 3 人死亡。当地人民政府组织事故调查组对施工现场进行事故调查。下列关于事故调查的说法中,正确的是( )。

  A. 询问、访谈、目击评价应采取"一对一"方式

  B. 地方政府可委托乙公司进行调查取证

  C. 情况不明时,事故调查可采取技术鉴定

  D. 事故调查组应在事故发生之日起 3 个月内提交事故调查报告

54. 某危险化学品仓储公司仓库保管员张某家中有事,私下委托同事叶某临时代为保管仓库钥匙。期间,叶某进入危险品仓库,擅自将易燃化学品异丙醇和强氧化剂双氧水混放,引发火灾事故,造成直接经济损失 100 万元。下列关于此事故责任认定的说法中,正确的是( )。

  A. 张某擅自委托叶某代为保管危险化学品库房钥匙,是事故直接责任者

  B. 叶某进入危险化学品仓库将危险化学品混放,是事故直接责任者

  C. 危险化学品仓储公司主要负责人管理不到位,是事故直接责任者

  D. 危险化学品仓储公司安全管理部门负责人存在管理失职,是事故直接责任者

55. 某市甲化工厂新建 1 套醋酸装置,由乙公司以总承包方式负责建设。现场工程监理由丙公司承担。某日,乙公司工人孔某在脚手架上行走时坠落,经抢救无效死亡。该市安全生产监督管理局组织事故调查后,提出整改措施,落实整改措施的责任单位是( )。

  A. 甲化工厂   B. 乙公司

  C. 丙公司   D. 市安全生产监督管理局

56. 甲钢铁厂位于某省某市境内。某日,钢铁厂发生钢水包倾倒事故,造成 15 人死亡。有关部门迅速成立事故调查组进行调查,并形成了事故调查报告,负责批复事故调查报告的行政部门是( )。

A. 国务院   B. 国务院安全生产监督管理部门
C. 省人民政府   D. 市人民政府

57. 某地下铁矿发生冒顶片帮事故,造成刘某和程某当场死亡,钻机损坏,停产 15 日。在事故救援过程中,参与救援的张某被铲运机碰撞,造成腰椎压缩骨折。该起事故造成的下列经济损失中,属于间接经济损失的是(　　)。

A. 钻机损坏   B. 张某的医疗费用

C. 刘某和程某的抚恤费用   D. 补充新员工的培训费用

58. 某企业调试新引进的化工产品生产线时发生事故,导致 1 名员工重伤和附近一条河流污染。在事故处理过程中,该员工的医疗、工伤补助等费用共计 2 万元,地方安监部门给予行政罚款 1 万元,生产线事后修复花费 20 万元,处理河流污染费用 10 万元。依据《企业职工伤亡事故经济损失统计标准》(GB/T 6721—86),本次事故造成的直接经济损失费用是(　　)万元。

A. 2   B. 3

C. 23   D. 33

59. 某煤矿企业 1993 年至 2012 年接触煤尘的一线作业人员年均 1000 人,20 年间共确诊尘肺病 20 例。其中,2012 年对一线 1000 名作业人员进行在岗体检时,确诊新增尘肺病 2 例。该煤矿 20 年间接触煤尘的作业人员尘肺病发病率和 2012 年尘肺病发病率分别是(　　)。

A. 0.1% 和 0.2%   B. 0.1% 和 0.1%

C. 2% 和 0.2%   D. 2% 和 0.1%

60. 甲企业设机关部门 4 个,员工 24 人;生产车间 6 个,员工 450 人;辅助车间 1 个,员工 26 人。员工每天工作 8h,全年工作日数 300d。2012 年,甲企业发生各类生产安全事故 3 起,2 名员工死亡。甲企业 2012 年百万工时死亡率为(　　)。

A. 2.06   B. 1.75

C. 1.67   D. 1.53

61. 企业应落实安全管理主体责任,保证安全生产投入。依据《企业安全生产费用提取和使用管理办法》(财企[2012]16 号),下列有关安全生产费用管理的说法中,错误的是(　　)。

A. 新建企业和投产不足一年的企业,以当年实际营业收入为提取依据,按月计提安全生产费用

B. 安全生产费用可用于安全生产宣传、教育、培训支出

C. 企业提取的安全生产费用,当地安全生产监督管理部门集中管理

D. 安全生产费用应当企业提取、政府监管、确保需要、规范使用

62. 依据《生产过程危险和有害因素分类与代码》(GB/T 13861—2009),危险、有害因素分为人的因素、物的因素、环境因素和管理因素 4 大类。下列关于危险、有害因素辨识的说法中,正确的是(　　)。

A. "地面湿滑"、"安全通道狭窄"、"料口围栏缺陷"属于环境因素,"岩体滑动"、"通风气流紊乱"属于物的因素

B. "地面湿滑"、"安全通道狭窄"、"通风气流紊乱"属于物的因素,"岩体滑动"、"料口围栏缺陷"属于管理因素

C. "地面湿滑"、"岩体滑动"、"通风气流紊乱"、"安全通道狭窄"、"料口围栏缺陷"属于物的因素

D. "地面湿滑"、"岩体滑动"、"通风气流紊乱"、"安全通道狭窄"、"料口围栏缺陷"属于环境因素

63. 甲市乙县一大型化工企业的环氧乙炔储罐区构成了重大危险源。甲市安全生产监督管理部门在对该企业进行安全检查时,发现储罐区与某生活水源地的安全距离不符合规定,需要停产并搬迁。根据国家有关规定,负责组织实施该储罐区停产搬迁工作的是( )。

A. 甲市安全生产监督管理部门
B. 甲市人民政府
C. 乙县安全生产监督管理部门
D. 乙县人民政府

64. 某建筑施工单位的安全风险抵押金是 150 万元,当年发生事故动用抵押金 50 万元,下年存储风险抵押金的方式是( )。

A. 不再存储
B. 继续存储 150 万元
C. 补存 50 万元
D. 按重新核定的标准存储

65. 某企业在一危险化学品库门前安装了一台静电释放器,所有进入库内人员必须触摸静电释放器,待静电释放后,方可入库作业,这种安全技术措施属于( )。

A. 设置薄弱环节
B. 限制能量或危险物质
C. 隔离
D. 故障—安全设计

66. 特种设备使用单位应加强特种设备的使用安全管理,按照安全技术规范要求定期进行检验、维修、保养和报废。下列特种设备中,属于达到推荐使用寿命时直接报废处理的是( )。

A. 简单压力容器
B. 叉车
C. 惰性气体气瓶
D. 工业压力管道

67. 某炼钢厂在 3m 深的地坑内进行管道焊接,施工过程中需要使用氩气对坑内管道进行吹扫。为防止发生窒息事故,作业前应配备特种劳动防护用品。下列配备的用品中,正确的是( )。

A. 过滤式防毒面具、防护眼镜
B. 防护眼镜、防护手套
C. 空气呼吸器、长管面具
D. 防静电服、防爆照明灯

68. 某省级煤矿安全监察机构在进行煤矿隐患排查时,发现甲煤矿存在着重大事故隐患,当即下达隐患整改指令书,并实行挂牌督办。挂牌督办结束前,煤矿安全监察机构收到恢复生产的申请报告后,进行现场审查。审查结论合格时,煤矿安全监察机构应依法采取的做法是( )。

A. 核销事故隐患,依法实施行政处罚
B. 核销事故隐患,同意恢复生产
C. 同意暂时恢复生产,30 日内重新审查
D. 同意恢复生产,依法实施行政处罚

69. 某煤业集团 2011 年煤炭产量 1 亿 t,死亡人数 20 人。2012 年煤炭产量 0.8 亿 t,死亡人数 10 人。该煤业集团百万吨死亡率下降( )。

A. 20%
B. 37.5%

C. 12.5%   D. 7.5%

70. 企业发生职业病危害事故,或者有证据证明危害状态可能导致职业病危害事故发生时,安全生产监督管理部门有权采取有关控制措施。下列控制措施中,属于临时控制措施的是(   )。

A. 封存造成职业病危害的材料和设备

B. 暂扣安全生产许可证,责令进行职业病危害评价

C. 控制企业负责人

D. 提高风险抵押金的额度

二、多项选择题(共15题,每题2分。每题的备选项中,有2个或2个以上符合题意,至少有1个错项。错选,本题不得分;少选,所选的每个选项得0.5分)

71. 某小型私营矿山企业的员工腰挎手电筒,将一包用报纸捆扎的炸药卷放在休息室内的电炉子旁边,边烤手取暖,边与带班班长聊天。根据危险源辨识理论,上述事件中,属于危险源的有(   )。

A. 炸药   B. 报纸

C. 电炉子   D. 休息室

E. 手电筒

72. 某日,一大型商业文化城发生一起接线盒电器阴燃事故,过火面积 $0.5m^2$。商场值班人员由于应急处理得当,未造成大的经济损失。事后,公司领导根据这起事故,发动公司全员开展了全方位、全过程和全天候,为期3个月的火灾隐患排查及整改工作。这种安全管理做法符合(   )。

A. 人本原理的动态相关性原则   B. 人本原理的行为原则

C. 强制原理的能级原则   D. 预防原理的偶然损失原则

E. 安全系统原理的封闭原则

73. 某企业按照安全设备设施检(维)修计划对生产线和室外储油罐区进行大修,检(维)修前,企业主管领导召集各职能部门负责人和工程技术人员,共同商议制定了维修方案。维修方案中包含了具体的施工步骤、参与的部门和人员,以及时间要求和工程进度等内容。大修工程开始后,由于设置在罐区的塔式避雷针妨碍起吊运输储油罐,故临时决定将塔式避雷针先行拆除,待储油罐全部安装到位后再行恢复。施工过程中,由于雷雨天气,闪电击中刚立起的储油罐体上,瞬间将新建的储油罐体击穿,造成设备报废。下列关于检(维)修场安全管理的说法中,正确的有(   )。

A. 检(维)修方案应包含作业行为分析和控制措施

B. 塔式避雷装置可以用于防范直击雷

C. 施工前对施工维修人员进行安全交底

D. 采取临时防雷装置措施的接地电阻不小于 15Ω

E. 检(维)修方案必须报当地安全生产监督管理部门批准

74. 依据《企业安全生产标准化基本规范》(AQ/T 9006—2010),企业应加强生产现场安全管理和生产过程控制,对危险性较高的作业活动实施作业许可管理,履行审批手续。下列作业活动中,属于作业许可管理范围的有(   )。

A. 动火作业   B. 受限空间作业

C. 临时用电作业

D. 铲装作业

E. 高处作业

75. 某危险化学品生产经营单位有甲、乙、丙、丁、戊5个库房,分别存放有不同类别的危险化学品,各库房之间距离均大于500m,下表给出了各危险化学品的临界量。依据《危险化学品重大危险源辨识》(GB 18218—2009),下列关于危险化学品分类及重大危险源判别的说法中,正确的有(   )。

危险化学品名称	临界量/t	危险化学品名称	临界量/t
苯	50	硝化甘油	1
汽油	200	丙酮	500
乙醇	500	三硝基甲苯	5
乙醚	10	硝化纤维素	10

A. 甲库房:300t乙醇,100t汽油,属于易燃液体类重大危险源

B. 乙库房:5t硝化纤维素,0.2t硝化甘油,属于爆炸品类重大危险源

C. 丙库房:30t苯,200t丙酮,属于易燃液体类重大危险源

D. 丁库房:10t乙醚,属于易燃气体类重大危险源

E. 戊库房:5t三硝基甲苯,属于毒性类重大危险源

76. 安全生产规章制度是生产经营单位有效防范安全风险、保障从业人员安全健康和企业财产安全的重要措施。下列关于企业安全生产管理制度的制定和执行的说法中,正确的是(   )。

A. 由企业安全管理部门负责组织编制

B. 由安全管理人员执行

C. 以风险控制为主线进行系统性考虑

D. 由具有丰富现场经验的管理和技术人员参与制定

E. 由相关业务主管部门负责组织制定

77. 某咨询公司在承揽一批企业安全管理咨询项目时,对企业人员总数和安全管理机构设置关系有不同意见。依据《安全生产法》,下列企业中,必须设置安全生产管理机构或配备专职安全生产管理人员的是(   )。

A. 从业人员260人的矿山单位

B. 从业人员450人的发电单位

C. 从业人员280人的洗衣机生产单位

D. 从业人员100人的建筑施工单位

E. 从业人员60人的烟花爆竹单位

78. 建设项目实施安全设施"三同时"管理是强化源头治理、实现本质安全的主要措施。完备的监管责任制度是保证安全设施"三同时"制度顺利执行的关键。下列关于"三同时"管理的说法中,正确的是(   )。

A. 国家安全生产监督管理总局对全国建设项目安全设施"三同时"实施综合监督管理,承担国务院及其有关主管部门审批、核准或者备案的建设项目安全设施"三同时"的监督管理

B. 县级安全生产监督管理部门承担本级人民政府及其有关主管部门审批、备案的建设项目安全设施"三同时"的监督管理

C. 县级建设行政管理部门承担本级人民政府及其有关主管部门审批、备案的建设项目安全设施"三同时"的监督管理

D. 上一级人民政府安全生产监督管理部门可以委托下一级相应部门实施项目"三同时"监督管理

E. 跨两个区域的建设项目安全设施"三同时"由其共同的上一级人民政府安全生产监督管理部门实施监督管理

79. 某大型禽肉食品加工厂有员工 3200 人,主要生产生鲜及冷冻食品。厂区内有厂房、锅炉房、液氨压缩机房、办公楼电梯、简易货物升降机、污水处理站、食堂等设备设施。按照国家有关规定,该厂必须进行强制性安全检查的项目有(　　)。

A. 锅炉   B. 液氨压缩机

C. 办公楼电梯   D. 简易货物升降机

E. 污水处理站

80. 依据《职业病目录》(卫法监发[2002]108 号),下列法定的职业病中,由于物理因素导致的职业病有(　　)。

A. 航空病   B. 棉尘病

C. 高原病   D. 森林脑炎

E. 手臂振动病

81. 某电厂有两台排污泵(一用一备),安装在低于地面 2m 的泵房内,排污泵的工作介质温度约为 90℃。该泵房内作业现场存在的职业病危害因素有(　　)。

A. 高温高湿   B. 有毒气体

C. 触电   D. 电离辐射

E. 机械噪声

82. 煤矿井下掘进巷道中存在多种职业病危害因素,如掘进爆破时产生的煤岩粉尘,局扇运行产生的噪音,巷帮淋水造成的井下空气潮湿及深井工作面的高温等。为了保护作业人员的身体健康,下列职业病危害控制措施中,正确的有(　　)。

A. 加大炸药量,降低一氧化碳产生量

B. 局部采取吸音设计,降低噪声危害

C. 适当增加工作面通风量,降低工作面温度

D. 掘进工作面转载机附近进行喷雾降尘

E. 巷道采取疏水措施,减小巷道淋水

83. 依据《企业安全生产标准化基本规范》(AQ/T 9006—2010),工程发包单位和承包商在依法签订工程合同的同时,必须签订安全协议。下列关于安全协议的内容中,正确的有(　　)。

A. 发包单位对现场实施奖惩的有关规定

B. 承包商在施工过程中不得擅自更换工程技术管理等人员

C. 承包商发生生产安全事故,责任自负

D. 承包商不得擅自将工程分包

E. 承包商建立完善的质量保证体系

84. 某地下铁矿应急预案体系由综合应急预案、专项应急预案、现场应急处置方案组成。下列关于该矿地下开采事故应急预案的说法中,正确的有(   )。

A. 综合应急预案必须明确所有临时性应急方案

B. 专项应急预案应包括冒顶片帮、透水、火灾、中毒和窒息等事故预案

C. 火灾事故专项应急预案对组织机构及职责有较强的针对性和具体阐述

D. 中毒和窒息专项预案的编制应辨识井下破碎硐室的危险有害因素

E. 触电事故现场应急处置方案应当明确现场处置、事故控制和人员救护等应急处置措施

85. 某民爆企业发生乳化炸药爆炸事故,造成厂房倒塌,设备损毁,多人伤亡。在对该起事故进行调查处理过程中,下列收集现场有关物证的做法中,正确的有(   )。

A. 收集现场破损部分件及碎片

B. 标注残留物、致害物的位置

C. 清理有害物质时采取保护证据措施

D. 清除物证粘附的危险介质

E. 收集证人证言

2013 年度全国注册安全工程师执业资格考试试卷
参考答案

一、单项选择题

1. B	2. C	3. A	4. B	5. C
6. B	7. A	8. C	9. C	10. D
11. A	12. D	13. B	14. D	15. D
16. A	17. D	18. D	19. B	20. C
21. B	22. D	23. C	24. B	25. A
26. D	27. B	28. B	29. D	30. C
31. B	32. B	33. D	34. C	35. D
36. C	37. B	38. B	39. B	40. B
41. C	42. C	43. D	44. C	45. B
46. B	47. B	48. B	49. C	50. A
51. B	52. B	53. C	54. B	55. B
56. C	57. D	58. B	59. A	60. C
61. C	62. A	63. B	64. D	65. B
66. A	67. C	68. B	69. D	70. A

二、多项选择题

71. AC	72. BDE	73. AC	74. ABCE	75. AC
76. ABCD	77. ABDE	78. ABDE	79. ABCD	80. ACE
81. ACE	82. BCDE	83. ABD	84. BCDE	85. ABC

检
43